細菌が世界を支配する
バクテリアは敵か？ 味方か？

アン・マクズラック 著　西田美緒子 訳

Allies and Enemies

Anne Maczulak

白揚社

ALLIES AND ENEMIES
by Anne Maczulak

Authorized translation from the English language edition, entitled
ALLIES AND ENEMIES: HOW THE WORLD DEPENDS ON BACTERIA,
1st Edition, ISBN: 0137015461 by ANNE MACZULAK,
published by Pearson Education, Inc., publishing as FT Press,

目次

細菌が世界を支配する

はじめに

1600年代なかば、ヨーロッパは3世紀にわたって何度も押しよせた腺ペストの流行によって、人口の激減にみまわれていた。最悪だったのは1347年から1352年まで猛威をふるった黒死病と呼ばれた流行で、このあいだに人口の3分の1もが命を落としている。流行と流行の合間を縫うようにして、ヨーロッパの都市には人々がまた集まり、そのたびに商業を立てなおしていた。そうしたなかでオランダの港湾都市アムステルダムは、海上の覇権がオランダからイギリスに移ってしまってからも、ヨーロッパの金融と交易の中心として栄えていた。大量のガラス、織物、香辛料が、この港を経由して行き来した。

織物商人だったアントニ・ファン・レーウェンフックは、アムステルダムで見習いとして奉公したあと、故郷の町デルフトに戻って自分で商売をはじめ、当時の経済発展の波にうまく乗ることができた。そして大手の服地屋と張りあうために、織物の品質を見きわめる手立てを求め、さまざまな厚さのガラスレンズで織物の糸を1本1本拡大して見る方法を試した。それより75年以上も前には、眼鏡職人のツァハリアス・ヤンセンとその父親のハンス・ヤンセンが、2枚のレンズを組みあわせて倍率を高めることを思いつき、世界初の複合顕微鏡を発明している。レーウェンフックが利用したレンズはおもに1枚だけだったが、作り方が精巧で、それまでだれも見たことがなかった微小な世界を目にすることができた。

レーウェンフックが工夫をこらしてつぎつぎに新しい顕微鏡を組み立てると、その独創的な発明品の評判は広まっていった。これを使って自然界のさまざまなものを覗いたレーウェンフックは、趣味を楽しむというより、科学的な探究心を満たしていたようだ。200倍の顕微鏡を使えば、雨水や雪どけ水、さらに歯からこそぎとった歯垢のなかで、ごく小さいものが動きまわるのが見えた。レーウェンフックは自分の目に映った微小な球や棒のかたちをとても詳しく記録したので、3世紀もあとの科学者たちはそのノートを読んだだけで、実際に何が見えていたのかわかったという。レーウェンフックはそうした小さい生きものを微小動物（アニマルキュール）と呼び、顕微鏡でしか見えない微視的な世界をはじめて研究した。微小動物は、のちに細菌（バクテリア）と呼ばれるようになり、レーウェンフックは微生物学という科学分野の生みの親とされている。

細菌は自給自足する小さな生命で、独立して生命を維持している生きものとしては、地球上で最も小さい。たくさん集まって暮らしたほうがたしかに有利だが、浮遊細胞となって自由生活をしても十分にやっていける。原生動物が生きていくためには水分の多い場所、藻類が生きていくためには日光、菌類が生きていくためには土壌が、それぞれどうしても必要だが、細菌にそのような制約はない。

微生物を理解しようと思うなら、まず細胞を理解するのが早道だろう。細胞は、生命をもつ最も単純な分子の集まりだ。生命は、誕生からはじまって老化の過程を経て死で終わり、この期間に、繁殖、新陳代謝、環境に対する何らかの反応という活動を伴う。原子が化学の基本単位であるように、生物学者は細胞を生命の最も基本的な単位とみなしている。

微生物学は、肉眼では見えないほど小さい生物すべてを対象とする学問分野だ。カビ胞子、原生動物、藻類も、細菌とともにそのような小さい生物の仲間に入っていて、それぞれがほかの微生物より有利に立てる特性を備えている。たとえば、カビ胞子は丈夫でトゲのある小さい球形で、日照りにも、凍りつく寒さにも耐え、風にのって何キロも移動する。さまざまな細菌も、厚い殻をもつ芽胞を作ることによってこれと同じ作戦をとり、芽胞はカビ胞子より何百年も長生きできる。一方の原生動物は、養分を求めて自分で動きまわり、細菌から栄養をとることが多い。細菌の細胞をひとつ飲みこめば夕食のごちそうになるのに、あちこちから異なる養分をかき集める必要がどこにあるだろうか？　だが細菌のほうも、独自のやりかたで食べものを手に入れている。集団を作って互いに助けあい、エネルギーを節約しながら周辺を移動し、ほかの細菌を探して食べるなどの方法だ。最後の藻類には奥の手がある。太陽エネルギーを吸収し、それを使って光合成を行ない、自分で食べものを生みだせるからだ。だがここでも細菌は臨機応変に対処する。ある細菌は水面で藻類にぴったりくっついて暮らし、同じく光合成を行なっている。また別の細菌は水中深くに住んで、水の表面層をくぐりぬけたわずかな光線を利用している。細菌がものを言えるなら、ミュージカル風にこう言うだろう――「あなたにできることならなんでも、わたしのほうがうまくできる」。

細菌はあらゆる場所に住みつき、相棒がいなくても「ひとり」で増殖し、別の細胞に頼ることなく生きている。細菌は、生物学で扱われるほかのどんな種類の細胞とも違い、最も単純な細胞を使ってそれをやってのける。ではウイルスはどうだろうか？　ウイルスは世の中で最も単純な生物学的存在だと言われることが多い。微生物学は、おもに微視的で生物学的だという理由から、ウイルスを研究対象としてきた。ところがウイルスは、生活環（ライフサイクル）、代謝、環境との相互作用という、生物に特有の機能のすべてを果たすことができない。ウイルスは生きている細胞にすっかり頼りきって生きのびる。ウイルス「ひとり」では、どこより快適な環境に舞いおりたとしても、何の力もないただの塵にすぎないのだ。

細菌との関係でウイルスの起源を説明しようと、さまざまな理論が考えだされてきた。まず、ウイルスは核酸――デオキシリボ核酸（DNA）またはリボ核酸（RNA）――の原形を先祖としている可能性がある。DNAが遺伝子を運んでいるのと同じように、RNAは細胞内で情報を運んでいる。RNAはDNAの遺伝子にあるコードを解釈し、この情報を使って細胞の成分を組みたてる。RNAは、その構造がDNAより単純なので、ウイルスの先祖として有力な候補だ――DNAは分子を構成している長い鎖を2本もっているが、RNAには鎖が1本しかない。ひょっとしたら遠い昔のRNAが、ウイルスの基本構造であるタンパク質で包まれた核酸のような、より複雑な分子を作る初期のプロセスを指示したのかもしれない。（タンパク質は、アミノ酸の長い鎖が独特なかたちに折りたたまれたもの。）これとは対照的なもうひとつの理論では、初期の細菌から自己複製するRNAまたはD

NAのかけらが追いだされ、ウイルスの起源になったと見る。そのかけらが何かの拍子にタンパク質に包まれて、最初のウイルスが誕生したというわけだ。微生物学者たちはさらに、進化の逆行が起き、細菌の細胞がその構造の大半をそぎおとして、タンパク質に包まれた核酸だけが残ったというシナリオも描いている。人々の支持はこちらの理論からあちらの理論へと移り変わってはいるが、ひとつだけ確かなことがある——細菌とウイルスはともに、地球上でとてつもなく長い歴史をもっている。

　菌類、原生動物、藻類、植物、そして人間をはじめとしたすべての動物は、真核生物ドメインの仲間だ。真核生物を作りあげている細胞は、細胞小器官（オルガネラ）と呼ばれる内部構造をもっている。細胞小器官は、細菌にはない秩序を真核細胞にもたらし、細胞の基本的な活動を調整するのに役立っている。それは、化合物を作り、化合物をこわし、ほかの細胞と連絡をとりあうという活動だ。けれども、たくさんの下部組織を管理するには余計な仕事も必要になってくる。細胞の増殖にあたっては、それぞれの細胞小器官をふたつの細胞に配分しなければならない。有性生殖では、真核生物の種が繁殖するために別の真核生物細胞が必要になる。真正細菌（バクテリア）ドメインの仲間と、細菌によく似た古細菌（アーケア）ドメインの微生物は、細胞小器官をもたないのでそのやりくりに煩わされることなく、ただふたつに分裂して半分ずつになればいい。（古細菌と真正細菌は顕微鏡で覗いても見分けがつかず、これら2種類の微生物をひとまとめにして考える科学者は多い。ときには微生物学者でもそうする。）

　人間は細菌というものの存在をまだ知らないうちから、細菌を利用して食べものを作ったり保存したり、いらないものを腐らせて分解したりしていた。こうして人と細菌との関係は人類の歴史の初期にまでさかのぼるが、細菌の細胞の研究が本格的にはじまったのはほんの５００年前、細菌の進化についての大発見があったのはここ50年ほどのことにすぎない。細菌遺伝学が花開いたのは１９５３年で、この年、ジェームズ・ワトソン、フランシス・クリック、ロザリンド・フランクリンの３人が大腸菌のねばねばした物質の研究によって、ＤＮＡの構造を突きとめている。

細菌学が発展するためには、顕微鏡の性能がよくなることが不可欠だった。はじめて顕微鏡を世に送りだしたのはレーウェンフックだが、ほかの人々がこの器具に改良を加えていき、なかでもレーウェンフックと同時代に生きたイギリス人、ロバート・フックの功績は大きい。フックは試料に光を集める方法を考えだし、それによって拡大された像を研究しやすくした。１８００年代までには微生物が科学者たちの想像をかきたてるようになり、微生物学は１８５０年から20世紀初頭までの黄金時代を迎える。そして黄金時代が終わるころには、細菌に関係のある健康や産業の多くの問題が解決されていた。微生物学でとりわけ名高いルイ・パスツールは、微生物学者の地位を正真正銘の英雄にまで高めている。

１９４０年代に電子顕微鏡が発明されると、微生物学者たちは細菌のひとつひとつの細胞の中まで見ることができるようになった。その成果およびＤＮＡの構造と複製の研究によって、微生物学に新たな黄金期がおとずれたが、今度はそこに細胞遺伝学という分野も加わっていた。細菌がどうやって遺伝子を制御し、共有しているかを突きとめることによって、遺伝学者はただ赤い花と白い花の植物を交配する段階から抜けだしたのだ。遺伝学は分子レベルに達した。今では、物質の最小単位である原子の画像を見せてくれる電子顕微鏡もある。こうした力を手にした科学者たちは、細胞の増殖の細部までを明らかにできるようになった。遺伝子工学、バイオテクノロジー、遺伝子療法は、細胞組織をはじめて顕微鏡で覗いた研究のおかげで発展してきたと言える。

微生物学者はまた、細菌の細胞から外を眺めて、生態系全体にも目を凝らしている。生きものが生きられるなどとはとうてい思えなかった場所でも、生態学者は細菌を発見してきた。しかも細菌はそうした場所の厳しい条件にただ耐えているのではなく、増殖さえしている。人間の基準からすると並外れて過酷な、ほかの生きものはほとんど生き残れない環境に暮らす極限環境微生物については、驚くようなニュースがつぎつぎに届く。産業界は極限環境微生物から、極端に熱いところ、または冷たいところでも働く酵素を見つけだした。たとえばポリメラーゼ連鎖反応（ＰＣＲ）では、67・7℃から93・3℃までのあいだで反応を起こすために、好熱菌の酵素を利用する。ＰＣＲはＤＮＡのわずかな断片を、数時間で数百万倍に増やすことができる。また同じく極限環境微生物から得た制限エンドヌクレアーゼと呼ばれる酵素を使うことによって、微生物学者は伝染病の流行を追跡し、環境汚染を監視し、犯罪者を捕えることができる。

細菌は地球上の元素をリサイクルして、ほかのすべての生きものの栄養補給を支えている。私たちに食べものを与え、私たちの排泄物を浄化してくれる。気候の調節に役立ち、水を飲めるようにしてくれる。なかには、水蒸気の小さな水滴を集めて雲を作る化合物を空気中に放出している細菌まである。それなのにほとんどの人は細菌のもたらす恩恵には目もくれず、私が「不快要因」と呼んでいるものばかりを気にする。「細菌て、ほんとにどこにでもあるの？」「わたしのからだじゅうで、たった今も細菌がうじゃうじゃ這いまわってるわけ？」「ドアの取っ手にも大腸菌がいるのか？」はい、はい、そのとおり。でも微生物学者にとっては、それがすばらしいことなのだ。

細菌は地球上のあらゆるところで増殖し、ほとんどすべての細菌は、ふだんエネルギーを生みだしているシステムがうまく働かなくなれば代わってエネルギーを作れるシステムを、少なくともひとつは用意している。そしてもし増殖できなければ、少なくとも破滅を避けられるメカニズムを発達させる。細菌は不滅のように思えるから、人々はなおさら恐怖感をつのらせるのかもしれない。伝染病、抗生物質が効かないスーパー耐性菌、歴史上で細菌が引きおこしてきた高い死亡率は、どれもおそろしく感じられる。実際にはすべての細菌のなかで病原菌が占める割合は小さいのに、15秒以内に細菌の名前を10個あげろと言われれば、たいていの人は病原菌の名前ばかりを並べたてるだろう。

私は人々が抱く細菌のイメージをよくしようという思いから、この本を書いている。細菌は人間に害を与えることもあるが、それはほとんどの場合、人間のほうが危険な細菌を優位に立たせてしまう過ちをおかしてしまったときに限られる。私たちが細菌から受けている恩恵は、害よりもはるかに大きい。地球上のバラエティーに富んだ細菌のことをよく知れば、恐怖感も少しは和らぎ、生命の営みに欠かせないこれらの微生物の貢献ぶりに感謝できるようになるだろう。細菌の世界は、一見、目には見えない気がするかもしれない。けれども自分の暮らしに毎日影響をおよぼしている細菌を知るにつれ、ほんとうは目に見えないままであっても、見えやすくなってくる。細菌は「友好的な敵」と呼ばれてきたが、私にはこの呼び名が誤ったメッセージを送っているように思えてならない。細菌は「力強い友」なのだ。私たちは細菌を倒すことはできないだろうし、そうしたくもない。大いなる力をもつたいていの友人と同じで、尊敬し、温かくもてなし、親しくしておくのが一番だ。

1 この世界に細菌が必要なわけ

細菌とは何だろうか？　細菌は単細胞生物のひとつで、ごくまれな例外を除いては肉眼では見えないほど小さく、地球上のいたるところで見つかる。小さくて単純で数が多いことは、細菌にとって大きな強みとなり、たくみに生き残っているだけでなく、この地球の営みのあらゆる側面に影響してもいる。上空何千メートルもの高さから地下深くのマントル内の活動まで、いろいろな化学反応に細菌が影響を与えている。

細菌の大きさは、直径が750マイクロメートル（0・75ミリ、1マイクロメートルは1000分の1ミリ）もあって肉眼でも見えるチオマルガリータ・ナミビエンシス（*Thiomargarita namibiensis*ナミビアの硫黄の真珠という意味）から、直径がたった0・2マイクロメートルの野兎病菌（*Francisella tularensis*）まで、幅広い。1988年からは、微生物学者の研究対象に「ナノバクテリア」を扱う新しい分野も加わった。この微生物は直径が0・05マイクロメートルで、体積は典型的な細菌細胞の1000分の1しかない。こうした特別小さいものや特別大きいものを除けば、ほとんどの細菌の直径は0・5〜1・5マイクロメートル、長さは1〜2マイクロメートルで、ごくふつうの本で見る活字のピリオドの、20分の1よりもまだ小さい。細菌細胞の体積は、0・02〜400立法マイクロメートルまでさまざまだ。小さいと得をすることはたくさんあるが、そのひとつは環境の変化をすぐに感じられる能力で、大型の多細胞生物にはその力が欠けている。

細菌は単純でも、その単純さにだまされてはいけない。複雑とはいえないその構造が、実は地球の生態系で起こっている大切な生化学反応のすべてを進めているのだ。細菌の外側をぐるりと取りかこんでいるのは細胞壁で、それぞれ独特のかたちを保ちながら（図1・1）細胞膜をおおっている。細胞膜は内部にドロドロした細胞質を包みこむとともに、養分を選んで取りいれ、害になる物質の侵入を防ぎ、いらなくなったものを外に捨てる。この細胞膜はほかのすべての生物の細胞膜とよく似ており、ところどころにタンパク質が埋めこまれた脂質の二重の膜で、水分を含んだ環境とのやりとりと、細胞の中身を細胞の内側に閉じこめておく役目を果たしている。二層になった細胞膜の構造では、水に馴染みやすい（親水性の）部分が膜の外側を向いて細胞質と接し、水に馴染みにくい（疎水性の）部分が膜の内側に並んでいる。細胞膜はその脂質がもっている性質のおかげで、ビーカーの水の中でも自然にまとまっていられる。このような細胞膜のまとまりやすさが、地球上で最初の細胞の誕生に一役買ったらしい。

細菌の細胞質と細胞膜には、細胞が生きるために必要ないろいろな酵素が入っている。細菌のDN

A（デオキシリボ核酸——何千年もの時をかけて作られた情報の保管場所）は、細胞質の中に浮かぶフワフワしたかたまりのように見えても（電子顕微鏡を使わなければ見えない）、実際には精密な折り目とループを備えている——傷をつきにくくし、修復を楽にするためだ。細胞質の残りの部分には、とても小さいタンパク質製造工場、リボソームが点在している。

細菌にとって、これ以外に必要な構造はほとんどない。ただし運動性のある細菌は泳ぐのに利用するムチのようなしっぽ（鞭毛）をもち、光合成をするシアノバクテリア（藍色細菌、藍藻とも呼ばれる）は光を吸収する色素をもっている。またアクアスピリルム・マグネトタクチクム（*Aquaspirillum*

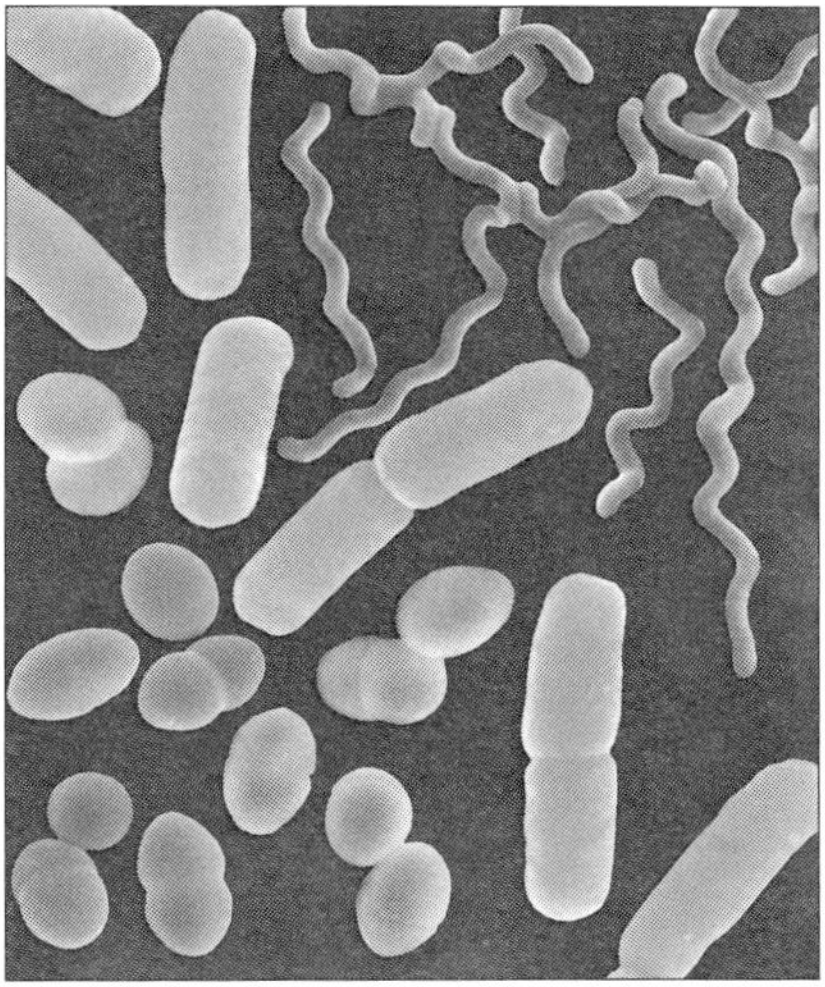

図1・1　さまざまな細菌のかたち。細胞のかたちは、細菌の遺伝的特徴に組みこまれて、決まっている。細菌および珪藻と呼ばれる藻の仲間ほど標準的なかたちを忠実に守っている生物は、動物にはいない。（写真提供：Dennis Kunkel Microscopy, Inc.）

magnetotacticum）のような走磁性細菌は、鎖状につながった磁鉄鉱（マグネタイト）の粒子をもっているので、地磁気を感じて地球の極の方向に動くことができる。この微小な方位磁石は、アクアスピリルム属が水中のすみかで下方に向かい、栄養豊富な堆積物のほうへ移動するのに役立っている。

細菌は小さくても、膨大な数で地球を占領している。微生物学者は土、空気、水のサンプルをとり、それぞれに入っている細菌の数を確認し、アルゴリズムの助けをかりながらそれを地球規模にまで拡大して、存在する細菌の総数を見積もってきた。この推定値には、ある程度は当てずっぽうの要素も含まれている。細菌は地表から6万メートルも離れた上空にも、深さ1万メートルの深海にも住んでいて、今までのところ人間はそうした場所のほとんどに近づけないからだ。このようにして算出された細菌の総数は、10^{30}にもなる。科学者たちは何か意味のある比較対象を見つけだそうと、いろいろな例をもちだす――たとえば、地球から見える星の数は、概算で「たった」7×10^{22}しかない。またすべての細菌の細胞をあわせた質量は1×10^{15}キログラムに近く、これは地球上に暮らす人間65億人すべてをあわせた質量の2000倍以上にあたる。それら細菌の圧倒的多数が、土の中に住んでいる。

細菌の小ささと数の多さは、私たちの想像力の限界に挑戦するものだ。どちらの特性も細菌には都合がよく、細菌は生物学的な作用によって、人間が生きる条件をも整えてくれている。

生き残りにかける細菌の妙技

細菌と細菌に似た古細菌は、進化のなかで生まれた適応の強みを活かして、困難な状況を生きぬいている。生き残りのテクニックには物理的なものや、生化学的なものがある。たとえば、動く力は危険を逃れるのに大いに役立つ。水のある環境で鞭毛をゆらして泳ぐ細菌のほか、表面をすべるように進んだり、激しくピクピクと動いて前進したりする細菌がいる。また、一部の細菌の種は芽胞と呼ばれる丈夫な殻を作る。さらに別の種は生化学的な手段を用いて、周囲から押しよせる酸、塩基、塩分、高温や低温、圧力に対抗して生きのびる。

数多くの細菌が利用するのが保護カプセルの変形版で、長い糸のようなリポ多糖を表面に備える方法だ。多糖（糖鎖）に脂肪性の化合物が結びついたリポ多糖の、脂質の部分が細胞のまわりの層に入りこみ、糖鎖の部分が外に突きだしている。O抗原と呼ばれる成分をもつこうした細菌は、自然にはほとんど見つからない糖でそれを作りあげている。だから細菌を食べる原生動物が近くにきても、おいしいエサがあるとは気づかず、「本物の」細菌を探して泳ぎさってしまう。

古細菌が暮らしている極限の環境を知ると、この惑星で最後まで生き残るのは古細菌にちがいないと思えてくるだろう。古細菌と細菌はどちらも原核生物だ。生物学で扱う主な細胞には原核細胞と真核細胞の2種類があり、真核細胞のほうが複雑で、藻類、原生動物、植物、動物を作りあげている。古細菌は、地球上の動植物のほとんどを死滅させるような極限の環境で生きていることから、ときには「極限環境微生物」の同義語とされることもある。沸騰する温泉に住んでいる古細菌の外膜には、炭素数が30またはそれ以上もある脂質の（脂肪に似た）分子が含まれていて、それは自然界にあるほとんどの脂肪族化合物より大きい。この脂質と、脂質どうしを結びつけているエーテル結合が、極度な高温のなかで外膜を安定させている。また、水深３０００メートルもの深海底にあって真っ黒な煙を吹きだしている熱水噴出孔――ブラックスモーカー――で、新しい細菌が発見されたというニュースをよく耳にする。このような熱水噴出孔は250〜300℃という熱いガスと強い酸性の熱水を吐きだし、しかも厳しい水圧にさらされているのだから、そこに住む生きものはどんなものでもまさにニュース記事にふさわしいだろう。ただしブラックスモーカーの近くに住んでいる生きものは、ふつうは古細菌で、細菌ではない。古細菌は、塩湖のような塩分濃度の高い場所や地下堆積物のような無酸素の場所でも勢力をふるっている。多くの古細菌は実験室の条件下ではなかなか育たないし、人間がそのすみかにたどりつくのさえ難しい。そのため、古細菌の研究は細菌の研究のようには進んでいない。

細菌にも、古細菌が好んでいるのと同様の極限状態で生きぬいているものがある。「極地の単細胞生物」という意味のふさわしい名をもつポラロモナス属は、氷点下10〜40℃という南極の海氷に住み、7日に1回しか分裂しないほど代謝を下げることによって適応している――実験室で培養されている大腸菌は20分に1回ずつ分裂する。ポラロモナス属は好冷菌と呼ばれる仲間だ。それと対照的なのが好熱菌のサーマス・アクアティクス（*Thermus aquaticus*）で、70℃に達する温泉で増殖するが、こちらは代謝を維持するために耐熱性の酵素を合成している。5℃から55℃という快適な温度に暮らす中温菌の酵素は、熱せられると働きを失ってしまう。中温菌には、動物、植物、ほとんどの土壌、浅瀬、食べものの表面や内部にいる細菌が含まれている。中温菌が生きられない過酷な条件のもとで暮らす細菌は、極限状態の環境が大好きな、地球の極限環境細菌たちだ。

好塩菌のハロコッカス属は、膜結合型のポンプで常に塩分を吐きだしているので、グレートソルトレークや岩塩坑のような場所でも生きることができる。好圧菌は上から重くのしかかる厳しい水圧にも耐え、大西洋の海底３８００メートルに眠る豪華客船タイタニック号を、容赦なくむしばんでいる。このような好圧菌の細胞膜には不飽和脂肪酸が含まれていて、ほかの細菌のように脂肪酸が含まれた細胞膜より、内部の流動性が高い。飽和脂肪酸には単結合しかないが、不飽和脂肪酸の鎖状につながった脂肪の炭素原子には、一部に二重結合が入っている。深海底の巨大な水圧のもとでは、ふつうの細胞膜の内部は冷蔵庫に入れたバターのように固くなってしまうのに対し、好圧菌の特殊な細胞膜は固くならず、きちんと役割を果たす。赤身の肉には飽和脂肪酸が多く含まれ、豚肉や鶏肉には不飽和脂肪酸が多い理由については、この章であとから説明する。

好酸菌のヘリコバクター・ピロリ（*Helicobacter pylori*）は胃のなかに住みつき、周辺の酸を中和する化合物を分泌することによって、ｐＨ1以下というバッテリー液なみの強い酸にも耐えられる。好酸菌は、人の肌を焼いてしまうほど強い酸のなかで暮らしているとはいえ、ｐＨを7に保った微小な繭のようなものでぴったり包まれ、心地よく守られている。極限環境細菌のメンバーはこれだけではない。好アルカリ菌はアンモニアやソーダ湖のような強い塩基性のすみかで暮らし、好乾菌は水のない場所に住む。また放射線耐性菌は、人間なら数分で命を落としてしまう量のガンマ線のなかでも生きのびられる。たとえばデイノコッカス属は、人間の命を奪うほど強い放射線によってＤＮＡ分子が損傷しても、効率的な修復システムを利用して治す。このシステムは、デイノコッカスの次の細胞分裂がはじまる前に、すばやく修復をすませなければならない。

しっかりした細胞壁と、その主要成分であるペプチドグリカンのおかげで、どの細菌もとても丈夫だ。ペプチドグリカンは、糖とペプチド（タンパク質より短くてタンパク質の機能を備えていない、アミノ酸の鎖）が繰りかえし結合された高分子で、細菌の細胞壁以外の場所には、自然界のどこにも存在しない。ペプチドグリカンは格子状の構造をもっているので、それぞれの種は独特のかたちを保ち、周囲から傷つけられないように身を守ることができる。細菌を液体に入れてミキサーで激しくかきまぜても、少しも傷つかない。

古細菌の細胞壁は、ペプチドグリカンではない高分子でできているが、やはり身を守る役割を果たしている。そのうえ古細菌は、真正細菌とは違う構造の細胞壁をもっていることで、真正細菌の細胞壁を攻撃する抗生物質や酵素にも耐えられる。こうした特異な性質を知ると、古細菌は人間にとってとりわけ危険な病原菌のようにも思えるが、古細菌によって引きおこされた人間の病気が見つかったことはない。

顕微鏡で見える細菌は、球、棒、楕円、ボウリングのピン、らせん、ブーメランと、さまざまなかたちをした灰色のものが雑然と集まっているだけの、あまりパッとしない姿をしている。そこで微生物学者は、染料で細菌に色をつけて一般的な光学顕微鏡でも際立つようにしたり、暗視野観察法や位相差観察法といった高度な手法を使ったりする。これらふたつの観察手法では、暗い背景に明るく浮かびあがった、驚くほど美しい細菌の姿を見ることができる。

細菌が成長しようとするとき、丈夫な細胞壁のせいで大きさを変えることはできないため、多細胞生物とは異なった方法をとる。分裂し、ふたつの新しい細胞に分かれることによって増殖するのだ。細胞の数が増えるにつれ、ある種は真珠のネックレスのように一列に並び、別の種はブドウのように房を作る。なかには薄くて平らな板のように集まり、湿った面の上を集団で遊走するものもある。こうして集団遊走する現象から、細菌はいつも漂うように気ままに浮遊しているだけではなく、微生物群集も作れることがわかる。事実、細菌の群集は、細胞がただ山ほど集まっているだけのものではない。その群集にはメッセージを伝えるシステムがあり、同類の細胞や無関係の細胞が互いに反応しあって、行動を変えていく。この適応は、クオラムセンシング（菌体密度感知）と呼ばれている。

クオラムセンシングは、細胞がアミノ酸に似た信号分子を絶え間なく分泌することからはじまる。こうして発信された信号は1マイクロメートルほど伝わるので、その距離の範囲内にある隣の細胞は、表面にある特殊なタンパク質で信号を感知できる。受容体が信号分子でふさがると、ほかの細胞が近くに寄りすぎたというメッセージになり、集団の密度が高くなりすぎたことがわかる。するとそれらのタンパク質は一連の遺伝子のスイッチを入れて、細菌の行動を変えさせる。異なる種類の細菌群集が、それぞれ独自の方法で行動を変えていくのだが、細菌学的に見た群集はどれも、細菌にとってみごとな生き残りのメカニズムになっている。遊走する群集や、表面にしがみつくもの、あるいは池の水面を覆いつくして、池の生態系全体をコントロールしてしまう群集まである。

細菌群集

遊走性をもつ細菌は、研究室に用意された培地で、ほかの細菌と同じように成長をはじめる。（培地は、液体や、ゲル状の寒天で固めた固体で、成長に必要なすべての養分を細菌に与える。）しばらく単独で代謝をしてから、ふたつに分裂し、それを何度も繰りかえしていくうちに、分裂に必要な養分が足りなくなってくる。そのとき、コロニーは成長を止めるのではなく、遊走細胞が互いに信号をやりとりして、増殖方法の変更という作戦をとるのだ。遊走細菌のプロテウス属は、培養によってごくふつうのコロニーを作り、それぞれの細胞の長さはおよそ3マイクロメートルだ。ところが数時間がたつと、コロニーの一番外側にある細胞の長さが40～80マイクロメートルにも伸び、たくさんの鞭毛が生えはじめる。そして鞭毛をもった10～12個の細胞がチームを組んで、クネクネと動きながらコロニーの本体を離れていく。細胞がきれいに平行に並んだチームでは、プロテウス属の菌がひとつだけで進むときにくらべ、鞭毛の力が50倍に強まる。コロニー本体から数ミリメートル進んだところで、チームは動きを止め、そこでまたいつものように増殖を開始する。こうして何世代もの子孫が育つにつれ、図1・2にあるように、最初のコロニーの周囲にプロテウス属の輪ができていく。輪のなかの細胞密度を一定に保ちながら、プロテウス属は遊走のプロセスを繰りかえし、やがて年輪のような同心円でできたスーパーコロニーを形成して、表面全体を覆ってしまう。遊走性をもつプロテウス属のふたつのコロニーがぶつかりあう場所では、互いに相手の領域を侵すことはない。先に進もうとするそれぞれの最前線チームは、相手から数マイクロメートル以内の位置で止まると、互いの防衛機能によって、それ以上近づくことができないからだ。プロテウス属は抗菌性物質（バクテリオシン）を作りだす。遊走細菌のコロニーごとに固有のバクテリオシンが、それぞれのなわばりを侵略から守る役割を果たしている。

遊走性をもつ細菌のなかには、鞭毛ではなく、線毛と呼ばれる髪の毛のような糸を利用するものも

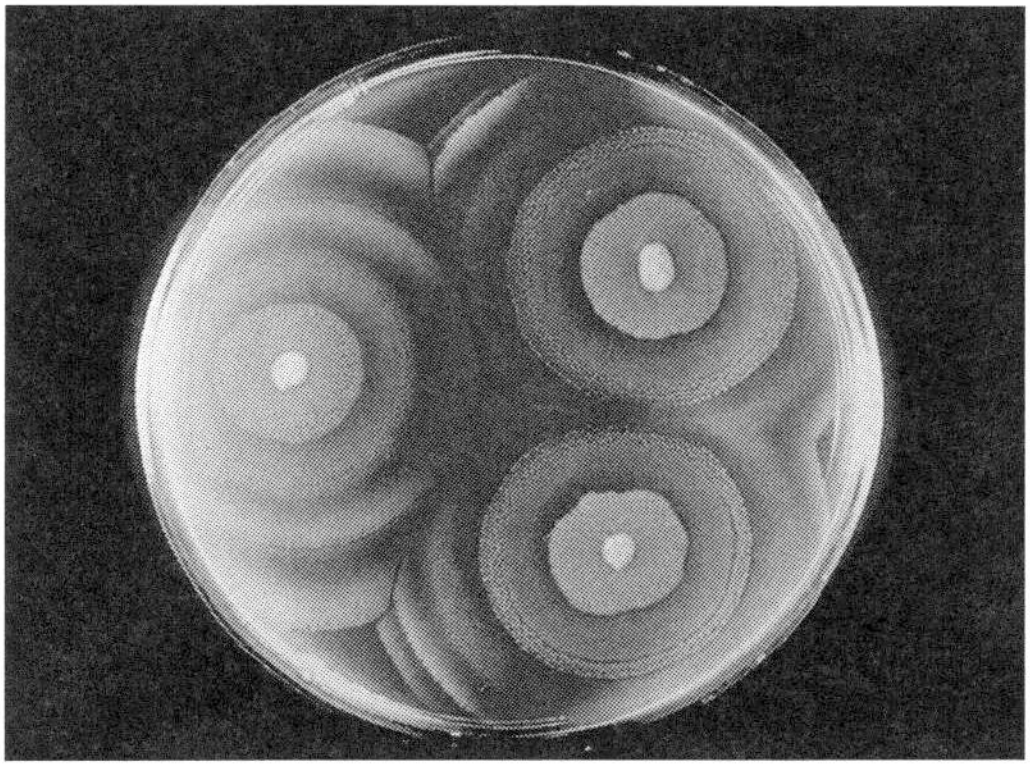

図1・2　遊走性細菌のプロテウス・ミラビリス（*Proteus mirabilis*）。プロテウス属は１個の原細胞から外に向かって遊走し、その細胞を中心にした世代ごとの年輪を作る。（写真提供：John Farmer, CDC Public Health Image Library）

ある。線毛を前方に投げ、どこかにからめて、つなぎ綱として使う方法だ。伸ばしたり縮めたりを繰りかえすことで、細胞は1時間に4センチ近くも前進できる。ペトリ皿の直径は10センチほどしかないが、もしピザくらい大きくても、遊走細胞はその端から端まで動くことができるだろう。

バイオフィルム（菌膜）のような群集は、湿気を帯びた面の上で育つ。バイオフィルムが付着する場所は、水道管、流れる小川の底にある岩、植物の葉、歯、消化管の一部、食品製造ライン、医療機器、排水管、便器、船の船体などだ。ひとつだけの種が作る遊走細菌のコロニーとは違って、バイオフィルムには数百という異なった種が含まれているが、やはりクオラムセンシングによって交信している。（肌などの表面についているだけの細菌は、一体となって働く群集をなしていないから、バイオフィルムではない。）バイオフィルムのはじまりはほんの数個の細胞で、それらが粘り気のある多糖類の膜を作って、どこかの面に張りつく。するとほかの細菌がそこに飛びのってきて、多様性に富んだバイオフィルムのコロニーができていく。

バイオフィルムは養分をとらえて蓄え、さらに多糖類を作りだして、細菌の生き残りを手助けする。多糖類の膜は、そこに住むすべての細菌を塩素などの化学物質から守ってくれる。そのうちに菌類や原生動物、藻類、塵や埃までもが加わって、表面に凹凸や溝のあるかたまりがどんどん大きくなっていく。バイオフィルムが厚くなると、信号の量も増える。ただしバイオフィルムにはたくさんの異なった種が集まっているので、信号の内容もさまざまに異なっている。一部の細菌は多糖類を作るのをやめ、それ以上の細胞が群集に加われないようにする。すると結合に役立っていた物質が減ってくるので、大きいかたまりがバイオフィルムから切りはなされて下流に移動し、そこでまた新しいバイオフィルムを作りはじめる。（このようにとどまることのないバイオフィルムの成長と分離によって、水道水のなかの細菌の数は大きく変動する。わずか数時間のうちに、水道水1ミリリットルあたりの細菌数は数十個から１０００個まで増えることもある。）そうしているあいだにも、ほかの細菌は多糖類の分泌を増やして、自分自身の生き残りを確かなものにしていく。おそらく近くの微生物を打ちまかして、競争を減らそうとするのだろう。

病原菌は感染する際にこれと似た戦略を利用するようで、多糖類の分泌を一時的に止める。細菌のまわりについた多糖類が少ないほうが、細胞はすばやく増殖できる。その後、感染領域で病原菌の数が十分なレベルに達すると、競争相手の力を抑えるために、また多糖類の分泌をはじめる。

いくつもの異なる種が集まった群集のもうひとつの種類として、完全な調和を保って機能している微生物マットがあげられる。微生物マットは流れのない水面などで見られ、色素をもった細菌が描く緑、赤、オレンジ、紫のあざやかなモザイク模様によって、すぐにそれとわかる。微生物マットを支配しているのは2種類の光合成細菌で、青緑色のシアノバクテリアと、硫黄を好む紅色細菌だ。日中、シアノバクテリアが増殖し、マットの上部に酸素をたっぷり供給する。日が暮れるとともにシアノバクテリアの代謝は落ち、ほかの細菌がその酸素を消費する。紅色細菌は酸素のないところを好むので、酸素がすっかり使われてなくなるまで、マットの底のほうに潜んでいる。そして夜になると上部に移動して、シアノバクテリアの有機的な排泄物を養分として取りこむ。太陽が昇ると、紅色細菌は光合成がマットの上部に酸素を補給しはじめるのを避けて、また底へと戻っていく。これらの細菌は養分を消化しながら硫化物を生みだすので、それがマットの上層に広がっていく。ここで、硫黄を必要とする光合成細菌がシアノバクテリア（および少しの藻類）に加わって、新しい循環（サイクル）を作る。周囲から邪魔をされないマットは、文字どおり呼吸をしている――24時間ごとのひと呼吸で、酸素を吸っては吐きだし、二酸化炭素を吐きだしては吸いこむ。微生物マットはこのように1日ごとの循環を保っている点で、ほかにはない独特の微生物群集だと言える。

群集は、ある生態系に住むさまざまな種の混合体だ。生態系では、いくつもの生物群集が、空気、水、土などの周囲の無生物と相互作用している。細菌は生態系のあらゆる段階にかかわりをもっているわけだが、細菌について知ろうとする微生物学者は、環境からすべての細菌を取りのぞいて、研究室で1回にひとつの種だけを研究しなければならない。同じ種の細菌細胞だけの集まりを個体群と呼び、研究室では純粋培養という言葉を使う。

微生物学を学ぶ人は、教育を受けはじめるとすぐ、無菌操作を用いて純粋培養からほかの生きものをすべて締めだすという、コツのいる作業を覚える。無菌操作とは、おおよその意味で「不純物を入れない」方法とも言いかえることができ、不要な細菌をまぎれこませることなく培養物を扱う必要がある。それには、試験管の口をブンゼンバーナーの炎で少しの時間だけ熱し、同様に金属製の細菌接種用ループ（白金耳）も炎にさらし、滅菌した器具を滅菌していない面に触れさせないようにすることが大切だ。外科医たちも、手術に備えて手を徹底的に洗ったあと、同じ原則に従う。

顕微鏡の下で

レーウェンフックが研究をはじめて以来、顕微鏡は2世紀にわたってどんどん改良されていったが、微生物学者たちはそれとは別に、試料のなかで細胞と無生物とを見分ける方法を考えださなければならなかった。細菌を各種の化学染料で染めようとしても、なかなか満足のいく結果は得られなかった。だが1884年に、デンマークの医師ハンス・クリスチャン・グラムが試行錯誤の末、呼吸器感染の患者の組織で細菌を見えるようにする染色法に成功する。グラムが生みだした染色法では、スライドグラスの上で一部の細菌が濃い紫色に、そのほかはピンクに変わった。この新しい方法はグラムが目指していた病気の診断に役立ったが、それがグラム染色と呼ばれて、のちの細菌学に大きな影響をおよぼすことになるなど、本人は夢にも思っていなかっただろう。

グラム染色によって、すべての細菌はふたつのグループに分かれる。グラム陽性菌と、グラム陰性菌だ。この簡単な手順は、病人、食べものや水、環境から見つかった細菌が、どのような細菌であるかを確認する際のすべての基本になる。微生物学の道に進もうとする学生はだれでも、グラム染色を学ぶことから第一歩を踏みだすのだ。

ペプチドグリカンの厚い細胞壁をもつ細菌は、クリスタルバイオレットという色素で染色すると、細胞壁内部にその色素とヨウ素の複合体をとどめておくことができる。これらの細胞は紫色に染まり、グラム陽性菌と呼ばれる。そのほかの種は、アルコールで脱色されると、この色素とヨウ素の複合体を壁のなかにとどめておくことができない。グラム陰性菌と呼ばれるこれらの細胞は色を失うので、グラム染色では最後の手順として細菌を第二の染料サフラニンで染色する。この染料は無色の細胞すべてをピンクに変える。現在は、食品や水に雑菌の混入がないかの監視や、伝染病の診断を行なう場合、同定の第一段階としてグラム染色を利用している。

グラムがこの染色法を考えだしてから100年以上たった今もなお、一部の細胞がグラム陽性で、残りがグラム陰性となる仕組みの詳細が、すべて明らかになったわけではない。グラム陽性細胞がもつ厚いペプチドグリカン層には、縦横に交差する入り組んだ網目の構造がある。この構造が、クリスタルバイオレットとヨウ素の大きい複合体をとらえて放さない網の役割を果たし、アルコールによってこの色素が洗いながされるのを防いでいると考えられている。一方のグラム陰性細胞では、細胞壁の構造がもっと複雑だ。細胞を包むペプチドグリカン層は薄く、その外側も内側も膜でおおわれている。グラム陰性細胞が染料をしっかりつかまえておけない理由のひとつは、この層の薄さだとされている。

グラム陰性とグラム陽性の細菌にあてはまる絶対的な規則性は、ほとんどない。かつては、グラム陰性菌のほうがグラム陽性菌より多く、病原性をもつ割合が高いとされていたが、この一般論はおそらく正確なものではないだろう。それでもなおグラム反応は、問題を起こしそうな要因のヒントを与えてくれる。たとえばシャンプーなどの消費者製品や、食品、水、皮膚に、グラム陰性菌が数多く集中していれば、糞便汚染の可能性がある。グラム陰性菌である大腸菌とその仲間の細菌はどれも、動物の腸内に住みついているからだ。その一方で、グラム陽性菌がすべて無害とはかぎらない。人の鼻腔や喉(のど)からグラム陽性菌が見つかると、連鎖球菌咽頭炎か、結核にかかっている可能性がある。皮膚の傷がグラム陽性菌に感染すると、比較的軽いブドウ球菌感染症から深刻な炭疽症まで、幅広い可能性がある。環境内にいることがこれまでにわかっているグラム陰性の種とグラム陽性の種は、土と水にほぼ均等に分散している。

グラムが新しい手法を考えだしたのと同じころ、ドイツ人医師ヴァルター・ヘッセは、ザクセンのウラン鉱山で肺癌の末期にあたる労働者たちを(当時はまだ病名がわかっていなかったが)10年にわたって看護していた仕事を離れた。その後ミュンヘンで公衆衛生に2年たずさわったあと、ロベルト・コッホの助手になる。ルイ・パスツールに次ぐ世界的に有名な微生物の権威になったコッホは、ドイツの小さな村の開業医出身で、そのころからすでに実験動物を使って炭疽菌と結核菌の研究に没頭していた。そしてその研究から、特定の細菌の種が特定の病気の原因であることを証明するための手順を確立しようとした。1876年には、特定の細菌をひとつの病気の原因とみなす前に、実験動物で満たさなければならない基準を定めている。「コッホの条件」として知られるようになったこの基準は、感染症診断の基礎を築き、その診断法は今に受けつがれている。

医学史研究家たちは、ロベルト・コッホが作ったとされているこの基準を、ヘンレ－コッホの条件と呼ぶべきではないかという議論を繰りひろげてきた。コッホは大学生のときドイツの医師ヤコブ・ヘンレに師事し、ヘンレは１８４０年に、感染症の原因を立証するための一連の基準を発表していたからだ。たしかにコッホが提唱した基準はヘンレのものに似ていたが、コッホの条件は、病原菌の新しい実験を行なうたびに少しずつふくらんでいった考えをもとにして生まれたものだろう。コッホの条件は、次のようなものだ。

1　ある病気のすべての症例で、同じ病原菌が見つからなければならない。
2　病気にかかった宿主から病原菌を分離し、それを研究室で培養して、生きていることを示さなければならない。
3　病原菌を調べて純粋であることを確認したのち、健康な宿主（実験動物）に注入する必要がある。
4　注入された病原菌が、新しい宿主で同じ病気を引きおこさなければならない。
5　その病原菌を新しい宿主からもう一度取りだして、研究室で培養しなければならない。

コッホの条件に一致しない細菌もある。たとえば結核の原因となるヒト型結核菌（*Mycobacterium tuberculosis*）は、肺だけでなく、皮膚や骨にも感染する。化膿連鎖球菌（*Streptococcus pyogenes*）

は、咽頭炎、猩紅熱、皮膚病、骨の感染症を引きおこす。このようにいくつかの異なる病状のもとになる病原菌は、ひとつの病気の診断基準に当てはめるのは難しいことがある。

コッホはこのような基準を完成させるうえで、純粋培養の方法を導入し、微生物学の基礎にとってもうひとつの貢献も果たしている。コッホの条件を満たそうとする微生物学者は、病原菌とみなした細菌を純粋培養する必要があった。純粋な細菌が手に入らなければ、Aという細菌がAという病気を引きおこし、Bという細菌がBという病気を引きおこしていると証明できる者はいない。コッホは細菌のコロニーを育てるのに薄く切ったじゃがいもを利用し、研究には、ほかのあらゆる細菌から隔離したコロニーだけを使った。このような考え方は今ではごく初歩的なものに思えるが、コッホの時代の微生物学者にとっては、実験から雑菌を追いだすのに役立った。現在でも、有名な研究者が一度発表した結果を、雑菌がまじった状態でデータを収集してしまったという理由で何か月もたってからきまり悪そうに撤回することがある。

ヘッセがコッホの研究室に加わったころには、コッホはすでにじゃがいもの薄切りを使うのをやめ、純粋培養の培地をもっと扱いやすいゼラチンに変えていた。まもなく、コッホもヘッセもゼラチンの欠点に不満をもらすようになった。暑い夏には、ゼラチンは溶けて液体になってしまう。暑くないときでも、タンパク質を分解する細菌に使うと溶けてしまうからだ。ヘッセの妻アンジェリーナは、そのころ研究を手伝うために研究室に出入りしていた。当時はちょうど、ドイツの女性が知的職業に向けて第一歩を踏みだした時期にも重なる。ヘッセがリーナと呼んでいた妻はアマチュアの画家で、コッホとヘッセが培養した細菌のコロニーの絵を描いて、ふたりを手助けしていた。だからすぐ、ふたりの微生物学者がゼラチンよりもすぐれた材料を欲しがっている理由を理解できた。そこでリーナは、そのころプディングやゼリーを固める材料としてよく料理に使っていた寒天を、研究室で試してみるよう勧めてみた。ヘッセの孫のヴォルフガングは１９９２年に、次のように回想している。「リーナはニューヨークに住んでいた若いころに、ジャワから移り住んだオランダ人の隣人から、この材料のことを教わった。」東インド（現在のインドネシア）の暑い気候のもとで暮らす人々が、海藻から集めた物質を使って巣を固めている鳥に気づいたのが、寒天利用のそもそものはじまりだ。寒天は暑い夏でも溶けず、腐るようにも見えなかった——細菌によって分解されることもない。

ヘッセはコッホに、ゼラチンを寒天に変えてみてはどうかという考えを伝えた。するとコッホはすぐ寒天に適切な栄養素を加え、加熱して滅菌するときは液体で、冷えると固体になる培地を作りあげた（図１・３）。コッホはその考案について短い技術的な報告書を発表したが、ヘッセ夫妻のどちらの名にもまったく触れていない。リーナは１９１１年に夫が世を去ったあと、天寿をまっとうするまでの23年間にわたり、夫が残した研究ノートを見つけられるかぎり見つけて保存した。それらのノートのいくつかに、微生物の培地に寒天を利用することを考えだしたのはヘッセとリーナだったことがわかる記述がある。そのため、このふたりが微生物学に果たした役割が認められるようになった。

コッホとヘッセが寒天の培地に切りかえた数年後には、同じくコッホの助手の経験をもつリヒャルト・ユリウス・ペトリが、滅菌した液状の培地を簡単に注ぎこめる浅いガラスの皿を考えだした。大きさは、深さおよそ１・５センチ、直径およそ10センチ。ペトリ皿と呼ばれるようになったこの容器は、それからまったくかたちを変えることなく、今でも微生物学の研究室では必需品になっている。

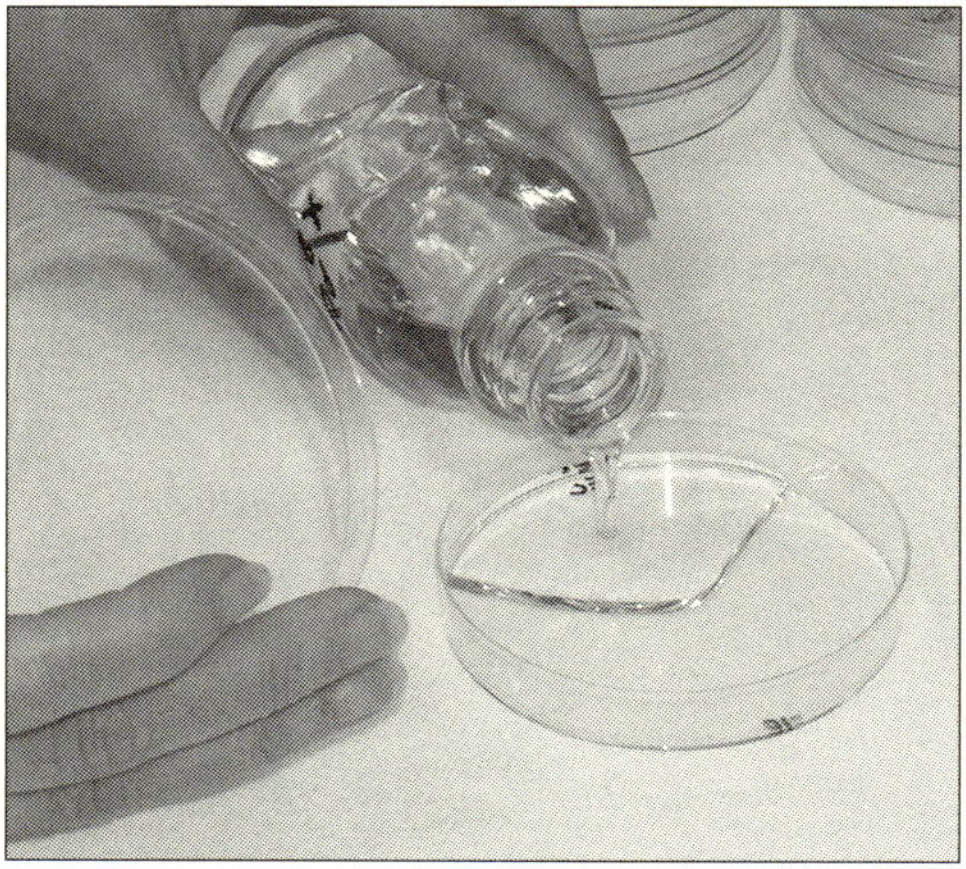

図1・3　液状の寒天を注ぎこむ。寒天は滅菌するときは溶けているが、40℃前後まで冷えると固まる。この写真では、滅菌された瓶から滅菌されたペトリ皿に、無菌のまま寒天を注ぎこんでいる。（写真提供：BioVir Laboratories, Inc.）

生命の大きさ

細菌には、大切な酵素、タンパク質、そして遺伝の仕組みを入れておくだけの大きさがあれば十分だ。進化を経て、余分なものはすべて切りすててきた。小さくて単純な構造のおかげで増殖にかかる時間が短いから、適応が速い。また、小さいから体積に対する表面積の割合が大きく、細菌の代謝は効率のよさの手本になる。細菌の細胞のどこをとってみても、養分が入ってきて有害な廃棄物が出ていく表面から、それほど遠く離れていない。それに対して人間や藻類、アメリカスギや原生動物を作りあげている真核細胞には、ひとつずつ薄膜で包まれたさまざまな細胞小器官（オルガネラ）が入っている。これらの細胞では、体積に対する表面積の割合が細菌の10分の1しかないので、細胞小器官を包んでいる膜、細胞質、一番外側の膜のあいだで物質を往復させるために、エネルギーを消費する。細菌細胞のほうが、負担が小さく、効率が高いのだ。そして最後に、細菌は小さいからこそ、膨大な数の個体が存在できる。その数を知ると、ほかのどの生物相の個体数もささやかなものに思えてしまう。

寿命が長く、子を少しだけ生む大型の多細胞生物——たとえばクジラやゾウ、そしてヒト——では、新しくて役立つ形質を遺伝情報（ゲノム）の一部に組みいれるまでには、長い時間がかかる。昆虫はそれより速く進化し、数年間で新しい形質を発達させることができる。細菌の場合、進化はひと晩で起こる。生まれてくる子孫には、生き残りに有利な新しい形質が備わっていることも多い。

細菌にどれだけの種があるかは、まだわかっていない。これまでにおよそ５０００種の特性が明らかになっていて、そのほかの1万種も部分的に確認されている。生物多様性の大家、エドワード・O・ウィルソンは、生物学が同定できたのはすべての種のうちの10パーセント以下にすぎず、ことによるとわずか1パーセントかもしれないと見積もっている。ウィルソンの推測にもとづけば、細菌の種はぜんぶで10万、もしかしたらその10倍にもなる。ほとんどの環境微生物学者は、現在研究室で培養され、同定が可能な細菌は、全体の1パーセントの10分の1にも満たないと考えている。

微生物遺伝学者のJ・クレイグ・ヴェンターは、微生物の多様性に関する研究で、種の数よりその多様性と地球の生物圏で果たしている役割のほうが重要な問題だとしている。それは正しい指摘だろう。ヴェンターは海洋微生物の2年間にわたる研究の結果、固有の遺伝子配列から判断して、海では約３００キロ離れるごとに種の85パーセントが異なることを見つけだした。海はひとつの巨大な海洋環境なのではなく、無数の小さい環境から成りたっているらしく、1ミリリットルに数百万の細菌が住んでいる。海にいる細菌だけでも、実際の数は前にあげた地球全体の個体数の推測を超えているかもしれない。今後、地球の微生物生態学の研究が進んでも、種の絶対数に結論がでることはないだろう。

微生物学者たちが微生物界を定義するには、まず環境からサンプルをとり、見つかった細菌の種類を判別するという作業からはじめる。そのとき最初に解決しなければならないのは、それらの細菌のなかに、未発見の新しい種があるかどうかという問題だ。この疑問に答えるには、すでに特徴が明らかになり、名前がつき、生物学的に認められている種——たとえば大腸菌など——を把握していなければならない。

分類学者はあらゆる生きものに、その外面的な特徴と遺伝的な特徴に従って、属と種を割りあてる。1970年代後半まで、微生物学者が細菌を同定する際には、酵素活性、最終産物、栄養要求性、顕微鏡で見た外観を基準にしていた。だが1977年になると、イリノイ大学のカール・ウーズが、細胞のタンパク質合成成分であるリボソームリボ核酸（rRNA）を使用する分類方法を提唱した。細胞のrRNAは、遺伝子に含まれている情報を取りだし、この情報を特定の構造と機能をもつタンパク質に変える働きを助ける。rRNAに入っている遺伝情報は種ごとに異なっているので、細菌の指紋としての役割も果たす。ウーズの方法は、厳密には16S rRNAと呼ばれている成分を使うもので、これはリボソームの一部である16Sサブユニットに関係している。この解析から、図1・4に示すように真正細菌、古細菌、真核生物という3つのドメインで構成された、生きものの新しい分類体

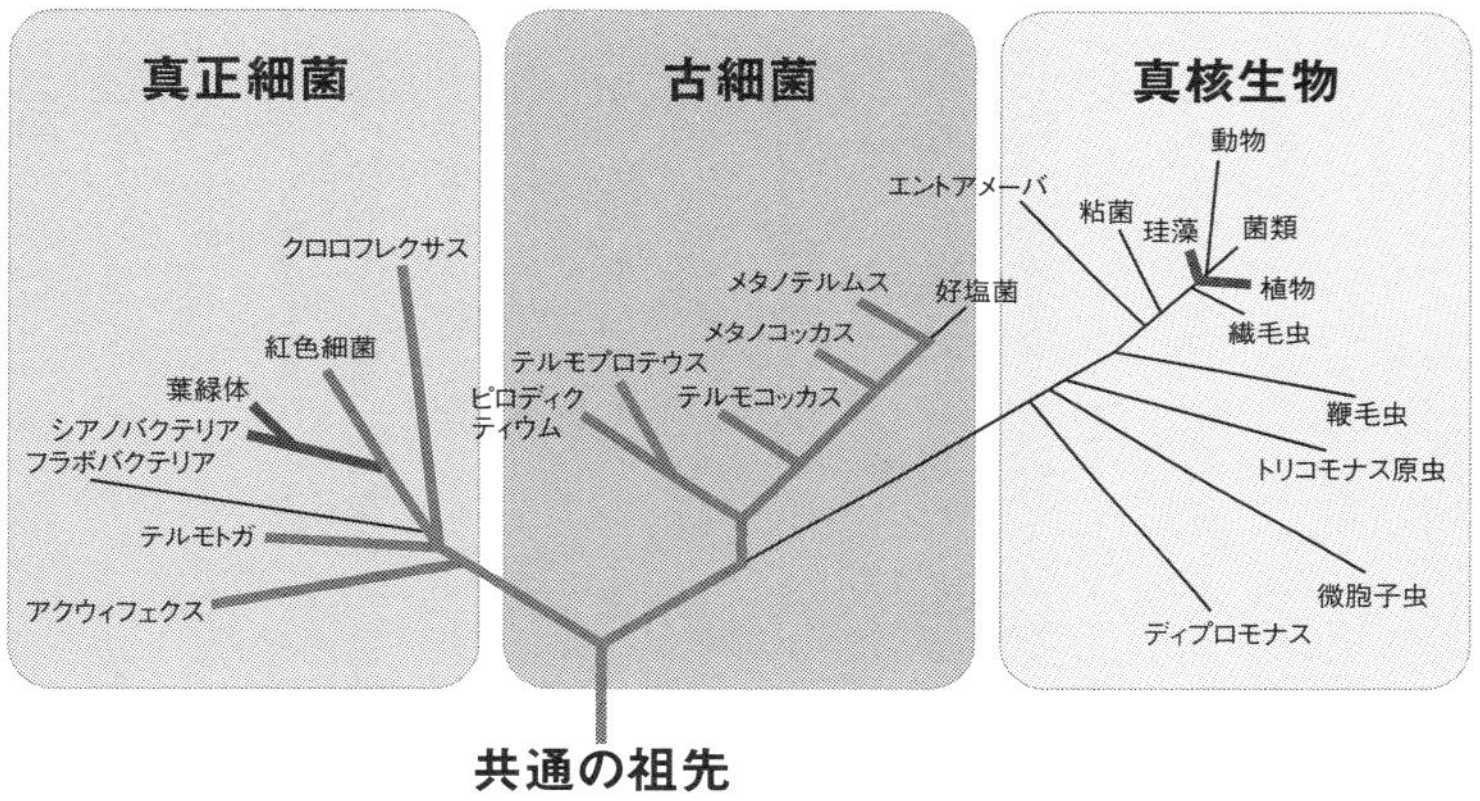

図１・４　３つのドメイン。世界の生物の分類は固定したものではなく、新しい科学技術の出現によって、分類学者は絶えず種の再評価と再分類をせまられる。

系が生まれた。（従来の考え方を身につけている分類学者たちにとっては、実に大きな驚きだ。）この新しいｒＲＮＡにもとづく分類が発表されるまで、生物学の学生たちはあらゆる動植物と微生物を５つ、６つ、ときには８つの界に分けて、体系化する方法を教えられていた。私がはじめて受けた生物の授業では、次のような五界説を習ったものだ。

モネラ界　細菌
原生生物界　原生生物と藻類
植物界　藻類から分かれた緑色植物
菌界　原生生物界の特定の仲間から分かれた菌類
動物界　原生生物界の特定の仲間から分かれた動物

生物の分類に新しい科学技術を活用したからといって、世界の生物相を整理しようとしたときに起こる混乱がおさまったわけではない。そしてそれには相応の理由がある。分類学者と哲学者は、アリストテレスがはじめて試みて以来、生きものどうしの関係を解きあかそうとしてきた。さらに１９７０年代にＤＮＡ解析という手法が生まれてからは、遺伝学者が生物相にもっと大きな多様性を発見したばかりか、とてつもない数の共通の遺伝子も見つかり、特に細菌どうしで共通した遺伝子が多いことがわかった。ウーズが導入したｒＲＮＡ解析は、異なる種がどの程度まで共通の遺伝子をもっているかを明らかにした。研究の結果、かなりの量の遺伝子の水平伝播があることがわかってきた——つまり、類縁関係のない多くの種のあいだに、共通の遺伝子が出現している。

　太い幹から科、属、種が枝分かれしているお馴染みの系統樹には、遺伝子の水平伝播は描かれていない。系統樹は樫の木よりも、鳥の巣に近いのかもしれない。特に細菌の場合は最もそれに近いだろう。今では細菌に、そしておそらく古細菌にも、以前に考えられていたより多くの遺伝子の共有または遺伝子の伝播が起こることが知られている。２００２年には16Ｓ　ｒＲＮＡを用いる同定法が、特定のタンパク質関連遺伝子に注目することによって、いっそう正確になった。ところが生物学者が細菌の遺伝子構造を深く調べれば調べるほど、共通の遺伝子がどんどん見つかっている。なかには、細菌に関するかぎり、「種」という言葉は意味をなさないと考えはじめた微生物学者もいる。現在では、16Ｓ　ｒＲＮＡ解析の結果、ふたつの異なる菌株で共通の遺伝子が97パーセント未満であれば異なる種とみなすことができる。微生物学者の一部には、３パーセントではなく1パーセントだけでも遺伝子が異なれば異なる種だとする意見もある。

　今の時点で種として知られている細菌群が最初にまとめられたとき、微生物学者たちはそれらの細菌に共通した特徴を目安にした。細菌をさまざまな種により分ける際の特徴として用いたのは、グラム反応、栄養要求性、固有の酵素、運動性だった。一方、新しい核酸による解析は、従来の分類体系がまだ意味をもつかどうかと問いかける。細菌には共通した遺伝子の割合が高いこと、そして多様な細胞で遺伝子がたやすく伝播していることから、一部の微生物学者は細菌を種に分類するのは無駄だと主張するようになった。細菌のすべてがひとつの巨大な種に属し、この種のなかの異なる菌株ごとに、表現されている遺伝子と抑制されている遺伝子による違いが生まれているかのように見える。細菌をひとつの種として分類すれば、1942年にエルンスト・マイヤーがはじめて提唱した次のような種の定義に、すべての細菌が従うことになる——同じ種の生きものどうしは互いに交配でき、異なる種の生きものは交配できない。

遺伝子解析によって、細菌の種と種のあいだの境界があいまいになり、ほかの生きものの分類に用いる基準が細菌にはあてはまらなくなった。だが微生物学者がまともに話をするためには、微生物について語るときもほかの生物の場合と同じ言葉を使えるような、何らかの分類体系が必要だ。結局のところ、似ている特徴に従って細菌をグループ分けする従来の方法が、DNAの結果にかかわらず最も便利なやりかたであることがわかってきた。微生物学では細菌にも、ほかのすべての生きものに使われるのと同じ分類と命名法を利用している。その分類法は、1700年代なかばに植物学者たち——とりわけ有名なのはカール・リンネ——が考えだして以来、ほとんど変わっていない。すべての種を、ふたつの部分（細菌の場合は属名と種形容語）から成る名前で区別する二名法で分類し、命名する。

同じ属の細菌は一定の遺伝子を共有していて、すでに説明したとおりそれはとても多いが、異なる種はそれぞれいくらかずつ、固有の遺伝子をもっている。たとえばバチルスは、ありふれた土壌細菌の属名だ。この属には、バチルス・サブティリス（*Bacillus subtilis* 短縮形は*B.subtilis*）、炭疽菌（*B. anthracis*）、バチルス・メガテリウム（*B. megaterium*）など、さまざまに異なる種が含まれている。もし私が細菌なら、私の名前はMaczulak annまたはM. anneと書かれることになる。

微生物学者が新しい細菌に名前をつけるにあたっては、いくつかの慣例から好きなものを選ぶことができる。何より大切なのは、生物学で用いられているほかのどの名前とも重複しないことだ。表1・1に、一般的な命名の慣例を示した。

科学の進歩によって種の分類が変化し、新しい分類が生まれても、細菌の名前は変わりそうもない。医療、環境科学、食品品質管理、製造、バイオテクノロジーの分野ではいずれも、病気や汚染の原因となる種、また役に立つ製品を生みだしてくれる種の、はっきりした素性を知る必要がある。微生物学がその研究の照準を生物圏全体から人体へとせばめるにつれて、種の素性がますます重要になる。

人体の細菌

人のからだは数十兆個の細胞でできているが、人の皮膚、気道、口、腸にはその10倍以上の細菌が住みついている。ひとりの人のＤＮＡ全部を、からだに住みついた細菌すべてのＤＮＡと混ぜあわせると、その人は遺伝子的には人間より細菌に近くなると指摘するのは、もちろん微生物学者たちだ。

２００の属にわたるおよそ１０００種の細菌が、人のからだの内部ではなく、「表面」に住んでい

命名の方法	例	名前の由来
歴史的出来事	*Legionella pneumophila* レジオネラ・ニューモフィラ （在郷軍人病菌）	1976年に開かれた在郷軍人（Legionnaire）の大会で、新しい病気を集団発生させた
色	*Cyanobacterium* シアノバクテリウム （藍色細菌）	青緑色（シアン）をしているため
細胞のかたちと配置	*Streptococcus pyogenes* ストレプトコッカス・ピオジェネス（化膿連鎖球菌）	球状の細胞がつながって、鎖のようになっている（ラテン語coccusは「粒」を意味し、streptoは「ねじれた」を意味する）
発見された場所	*Thiomargarita namibiensis* チオマルガリータ・ナミビエンシス	ナミビアの海岸で発見された
発見者の名前	*Escherichia coli* エシェリヒア・コリ（大腸菌）	1885年にテオドール・エシェリヒ（Theodor Escherich）によって発見された
有名な微生物学者に敬意を表して	*Pasteurella multocida* パスツレラ・ムルトシダ	ルイ・パスツールにちなんだ属名
固有の特徴	*Magnetospirillum magnetotacticum* マグネトスピリルム・マグネトタクティクム	細胞のなかに磁石の性質をもつマグネトソームがある、らせん形の細菌
極限の生育条件	*Thermus aquaticus* サーマス・アクアティクス	温泉など、非常に熱い湯のなかで繁殖する

表1・1　細菌の名前の由来

る。動物の体は1本の管で、皮膚がその管の外側の面、口から肛門にいたる消化管が内側の面にあたる。血液やリンパ、臓器のなかには、ふつう細菌はいない。これらの場所は無菌だ。尿と汗は無菌の液体として、からだから外に放出される。それに対して植物の場合、細菌は表面だけでなく内部にも住んでいる。

人の皮膚には、湿度や、脂分、塩分、通気性がさまざまに異なった、いくつもの生息環境がある。頭皮、顔、胸と背中、腕と脚、脇の下、性器、足が、皮膚にある主な細菌の生息場所で、それぞれに、もっとこまかく分かれた異なるすみかがある。皮膚の表面全体を考えると、1平方センチメートルあたりおよそ100万個の細菌が、場所によって不均衡にちらばっている。乾燥している肘から手首までの部分なら、1平方センチあたり1000個ほどしかいないが、脇の下ならば同じ広さに数百万個もいる。

微生物学者が皮膚についた細菌のサンプルを採取するときには、ショットグラスほどの直径で両側が開いた円筒を皮膚に押しつけ、しっかりおさえてカップのようにしてから、少量の水を注ぎいれる。次に滅菌したプラスチック棒で水をかきまわし、皮膚をそっとこすると、細菌の多くを皮膚から引きはなすことができる。ただし、どんな方法を使っても、たとえ最強の消毒剤でも、皮膚からすべての細菌を取りのぞくことはできない。皮膚は無菌にはならない。ブドウ球菌属、プロピオニバクテリウム属、バチルス属、ストレプトコッカス属、コリネバクテリウム属、ナイセリア属、シュードモナス属が、皮膚の細菌叢のほとんどを占めている。

ときには病気の原因にもなるから、聞いたことのある細菌の名もあるが、人に住みついた通常の細菌（常在細菌）は健康で傷のない皮膚にはまったく問題を起こさない。実際のところ、このような常在細菌叢のおかげで、一日の暮らしのなかで皮膚に集まるさまざまな一過性の細菌は、それほど増えずにすんでいるのだ。一過性の細菌のなかには病原性をもつものもあるが、常在菌が先に場所と栄養分を独占し、侵入者を撃退する化合物——抗生物質やそれに似た化合物で、バクテリオシンと呼ばれる——を作ることによって、しっかり縄張りを主張する。こうした静かな戦いが、人に気づかれることなく、絶えず繰りひろげられている。ところが切り傷や擦り傷、やけどなどによって、身を守る砦にほころびが生じると、病原菌が有利になる。ふだんは無害な常在細菌叢さえも、日和見主義に心変

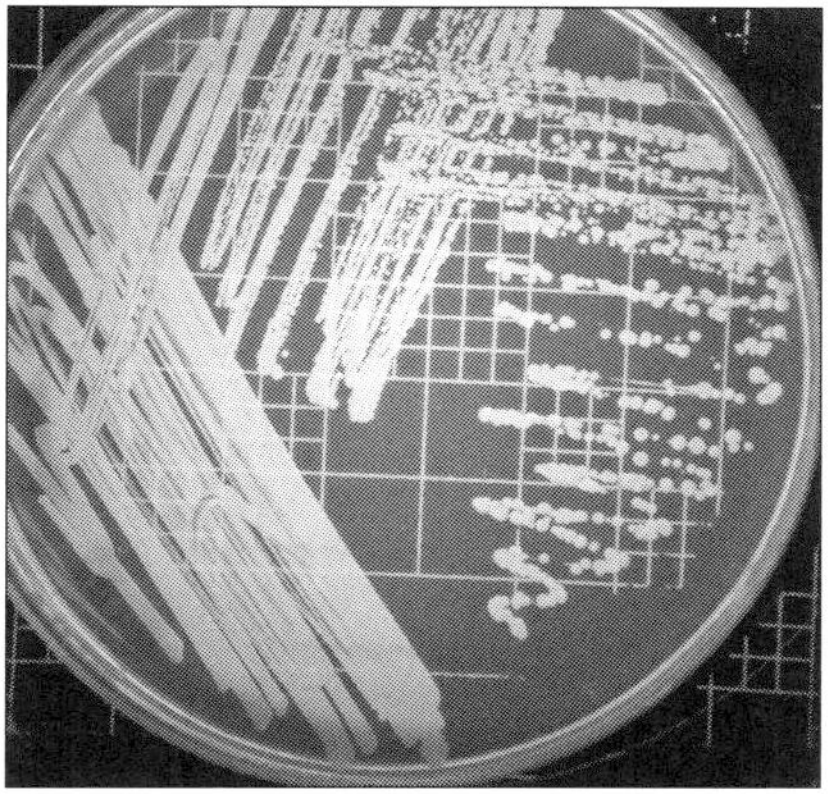

図１・５　黄色ブドウ球菌（*Staphylococcus aureus*）。ごくありふれた細菌で、皮膚についていてもふだんは無害だが、ちょっとしたきっかけで危険な存在に変身する。皮膚の傷に感染することがあり、なかでもMRSA（メチシリン耐性黄色ブドウ球菌）は抗生物質に対する耐性を獲得して、健康に大きな危険をもたらすようになった。（写真提供：BioVir Laboratories, Inc.）

わりし、からだの条件が変化したことによって感染を起こすこともある。化学療法、臓器移植、慢性病などによって免疫系が弱れば、次のような日和見感染の危険も高くなる。

スタフィロコッカス属（ブドウ球菌）——傷口の感染
プロピオニバクテリウム属——にきび
バチルス属——食中毒
ストレプトコッカス属（連鎖球菌）——咽頭炎
コリネバクテリウム属——心内膜炎
シュードモナス属（緑膿菌）——熱傷後感染

嫌気性の細菌は酸素のある場所では生きられないのに、皮膚の細菌叢の大きな部分を占めている。皮膚は常に空気にさらされているが、嫌気性菌は酸素の少ないマイクロハビタット（微小生息域）と呼ばれる微細な場所で繁栄しているのだ。肌荒れやわずかな切り傷などによって酸素不足のマイクロハビタットが生まれる。大きな傷で壊死してしまった皮膚組織も嫌気性菌にとっては大きな魅力だから、けがの手当てをいい加減にすませると、壊疽（嫌気性のウェルシュ菌（*Clostridium perfringens*）が原因）や破傷風（同じく破傷風菌（*C. tetani*）が原因）になる可能性がある。皮膚に住みつく通常の嫌気性菌では、アクネ菌（*Propionibacterium acnes* にきびの原因菌）、コリネバクテリウム属、ペプトストレプトコッカス属、バクテロイデス属、クロストリジウム属が、圧倒的に多い。

口のなかは栄養分と水分が豊富で、マイクロハビタットにもこと欠かないので、細菌集団にとってはまたとないすみかだ。歯ブラシとデンタルフロスでよく手入れすれば、歯と歯のあいだ、歯と歯茎のあいだにある歯周ポケット、歯の表面に歯垢が強く張りついたバイオフィルムから、ほとんどの食品を取りのぞくことはできるが、すっかりきれいにすることはできない。そこにはタンパク質と人の細胞と細菌の細胞の混じりあったものが残る。嫌気性菌も好気性菌もこうした場所を目ざとく見つけ、どちらの数が多いかは昼と夜とで違ってくる。空気の供給量、飲みもので洗い流す頻度、つばの出る量が異なるからだ。日中は口のなかにも空気がよく入ってくるので、好気性菌が増える。夜間、または長いあいだ何も食べないでいると、好気性菌が酸素を使いはたしてしまい、嫌気性菌が増えはじめる。嫌気性菌は発酵によって、食べものを消化するときにいやな臭いのする最終産物を作りだす。硫黄を含んで悪臭を放つそれらの分子が空気中に蒸発し、口臭になる。

食道と胃に住む細菌はほとんどいないが、らせん形のヘリコバクター・ピロリ（ピロリ菌）だけは例外で、消化性潰瘍がある人の半数はこの菌をもっている。１９７５年に胃のなかでピロリ菌が発見されるまでは、胃液に含まれている消化酵素と塩酸に耐えて生きられる微生物はいないと長いこと信じられてきたが、その考えは完全に否定された。ほとんどの細菌は、小腸にたどりつくまでは食べもののかけらのなかに隠れて守られながら、ｐＨ２に達する2リットルほどの胃液をくぐりぬける。ところがピロリ菌は、胃が自らを胃酸から守るために分泌して内壁をおおっている粘液の奥に潜み、胃のなかで増殖する。しかもこの細菌は粘液の内側でウレアーゼという酵素を分泌する。ウレアーゼは唾液に含まれている尿素を分解して、炭酸塩とアンモニアに変える働きをもっているので、どちらもアルカリ性をもつこれらの物質がピロリ菌のまわりを囲み、胃酸を中和して細胞を守るという作戦だ。

小腸に入るとpHの値が上昇し、胃の内容物では1グラムあたり約1000個――微生物学にとってはわずかな数――だった細菌が、その100万倍にも増える。人間も、ウシやブタ、シロアリやゴキブリも、そしてその他のほとんどすべての動物も、食べものを酵素で消化するときに腸内細菌の助けを借りていて、その数は消化する物質1グラムあたり1兆個に達する。人間やブタのように胃がひとつしかない動物は、体内の酵素によって利用可能になった栄養素とともに、細菌が作りだした栄養素も吸収する。細菌が死んで腸内で分解するとき、細菌の糖、アミノ酸、ビタミン（ビタミンB群とビタミンK）が吸収される。食物栄養素が吸収されるのと同じだ。一方、ウシ、ヤギ、ウサギ、ウマ、ゴキブリ、シロアリはセルロース（繊維素）とリグニン（木質素）が豊富に含まれた繊維質の餌を食べるので、それを細菌が分解し、揮発性脂肪酸と呼ばれる化合物に変える必要がある。人間にとって主要なエネルギー源となる化合物はグルコース（ブドウ糖）だが、反芻(はんすう)動物（ウシ、ヒツジ、ヤギ、ゾウ、キリン）および盲腸が大きく発達した動物（ウマやウサギ）に力を与えるのは、揮発性脂肪酸だ。

ルーメン細菌（ルーメンは反芻動物の第一胃で、ルーメン細菌はそこで生息している微生物叢）は嫌気性の発酵を進める。ルーメン内の有機化合物のほとんどすべては、発酵性細菌の働きによってそこで飽和状態にされてから、腸に向かって進んでいく。その結果、肉牛などの反芻動物の体内組織には、飽和脂肪がたまる。ブタやニワトリなどの反芻しない動物の場合、胃のなかであまり発酵が進まないので、肉に含まれる飽和脂肪が少ない。

動物が生きていくために、こうした細菌はどれくらい大切なのだろうか？　モルモットを無菌状態で育てると、通常の細菌叢をもつモルモットとくらべ、からだが小さく、被毛も薄く、ビタミン不足の症状が見られる。また、無菌動物のほうが感染症にかかる割合が高い。ただし、いいところもある。無菌動物には虫歯の心配がない！

人間の腸内で暮らすバクテロイデス属、ユウバクテリウム属、ペプトストレプトコッカス属、ビフィドバクテリウム属、フソバクテリウム属、ストレプトコッカス属、ラクトバチルス属、大腸菌は、ワインの醸造で熱が発生するのと同じように、熱を生む。このような熱の損失は、細菌にとっては効率が悪いが――利用できる前に周囲に散ってしまったエネルギーは、もう細菌には戻らず――代わりに人間のからだがそれを利用して、体温を上げている。大量の腸内常在細菌は、相手が少量なら、食中毒の原因となるサルモネラ属、クロストリジウム属、バチルス属、カンピロバクター属、シゲラ属（赤痢菌属）、リステリア属、大腸菌などとの競争にも勝てる。

大腸菌は、食品を経由して伝わる病原菌のなかで最もよく知られているだけでなく、生物学で最もよく研究されている生きものでもある。実際には消化管内で大腸菌が果たす役割は小さく、他の細菌の数のほうが約1000倍も多い。それなのに大腸菌が微生物学でナンバーワンの研究ツールになったのは、次のようなふたつの理由からだ。第一に、この細菌は研究室でとても扱いやすい。大腸菌は「通性」嫌気性細菌と呼ばれ、酸素があってもなくても増殖できる性質をもっている。特別な栄養素や培養条件も必要なく、短時間で倍々に増えていくから、午前中に培養液に植えつけておけば、午後には何百万個にもなる。そして生物学で大腸菌が使われる第二の理由は、どこでも見つけやすいことで、人間の腸からも、ほかのほとんどの哺乳動物の腸からも、絶え間なく生みだされている。

細菌はどこから来るのか

生まれたての赤ちゃんは無菌だが、数分後には皮膚の細菌叢ができはじめ、そのあとすぐ、消化管にも細菌が増えはじめる。この世に姿をあらわしたばかりの赤ちゃんに、大腸菌、乳酸菌、腸球菌がしがみつくと、その子の消化管に一番乗りをして住人になる。細菌恐怖症の人をゾッとさせるような理由で、赤ちゃんはさらに多くの細菌をもつようになっていく。糞便性細菌もそれ以外の細菌もいたるところにあって、それらが毎日、大量に、人間の体内に入ってくるのだ。糞便性細菌はトイレと洗面所から出て、台所の調理台、机、冷蔵庫の取っ手、キーボード、リモコン、コピー機のボタンなどにまきちらされていく。大勢の人が何度もさわるものには、かならず糞便性細菌がついている。赤ちゃんは、おもちゃで遊んだり床を這ったりしては手やものを口に入れるごとに、そうした細菌も口に入れている。大人も同様に、手で口や目や鼻をさわるとき、糞便性細菌を体内に取りこんでいて、これは自己感染と呼ばれる。大人が自分の手で顔に触れる回数は一日数百回にものぼり、子どもならその回数はもっと多い。

赤ちゃんの消化管のなかには酸素が少しあるので、最初に好気性細菌と通性嫌気性細菌が増殖する。早い段階で腸内に大腸菌が住みつき、酸素を使いはたしてしまう。すると嫌気性細菌の集団がどんどん増えはじめる――バクテロイデス属、ビフィドバクテリウム属（ビフィズス菌）、エンテロコッカス属、ストレプトコッカス属がその主なものだ。口から遠い位置にある大人の消化管には、最終的に500から1000の異なる種の細菌が住み、数は少ないが原生動物もいる。

細菌全体のなかで病原菌は少数派にすぎないが、「バイ菌」と聞けば、とにかく悪いことばかりが頭に浮かぶ。それでも微生物学を研究する人が増えるにつれ、バイ菌に触れるといいこともある可能性が見つかりはじめている。1980年代にはドイツの小児科医エリカ・フォン・ムティウスが、開発途上の国々にくらべて先進工業国でぜんそくとアレルギーの発症率が高くなっていることに気づき、調査をはじめた。そこで、ほとんど掃除をしない汚れたままの家で育った子どもたちと、定期的に掃除をして手入れの行きとどいた家で育った子どもたちで、健康状態を比較してみた。すると、清潔な環境に慣れた子どもたちより不潔な環境にさらされていた子どもたちのほうで、呼吸器系の問題が少なかったのだ。その結果からフォン・ムティウスは、常に病原菌にさらされることは、子どもの丈夫な免疫系の発達に役立つと提唱した。

フォン・ムティウスの「衛生仮説」は微生物学者たちから非難を浴び、もちろん洗剤や清掃用品を作っている会社からも反発された。けれども小児アレルギー専門医のマーク・マクモリスはこの仮説を支持して、次のように語っている。「自然免疫系は、50年前にくらべ、すっかりヒマになってしまった。私たちが不潔なものや病原菌から子どもたちを守ろうとする取り組みを、どんどん強めてきたからだ。」

殺菌剤と抗菌石鹸を使いつづけると、細菌が遺伝子レベルで変化するかどうかについて、まだはっきりした答えは出ていない。医微生物学者スチュアート・レヴィは、抗生物質を使いすぎたうえに抗菌剤の使用に熱心すぎれば、細菌は自分を殺そうとする化学物質に対して抵抗力をもつようになると論じてきた。それらの細菌はやがて抗生物質に対する耐性を発達させるだろう。細菌はポンプのような機構を使って、有害な化学物質だけでなく抗生物質も細胞のなかから追いだしてしまう。もしも抗生物質に利用するのと同じポンプを使って、殺菌剤までも外にくみだすようになると、新世代のスーパー耐性菌の登場も現実味をおびる。どんな抗生物質も病原菌の広がりを食いとめられず、それを殺せる殺菌剤もほとんどない病院を想像してほしい。医療はまさに刻々とこのシナリオに近づきつつあると、医師も微生物学者も警鐘を鳴らしている。

人のからだは常在細菌叢に力を貸して、皮膚に取りつく病原菌から身を守ろうと懸命だ。涙と唾液に含まれているリゾチームという酵素は細菌を殺し、皮脂に含まれている脂肪酸はグラム陽性菌の働きを抑える。これらの防衛策が失敗に終われば、免疫系が血液中の異物を発見して撲滅する防衛戦略を、段階的に発動していく。

虫歯は、さらに深刻な虫歯や歯周病の原因になり、口内の病変がひどければ血液の感染症まで引きおこすことがある。そのはじまりは、歯垢のなかのストレプトコッカス・ミュータンス（*Streptococcus mutans*）、ストレプトコッカス・ソブリナス（*S. sobrinus*）、さまざまな乳酸菌（ラクトバチルス属などの乳酸を作る細菌）が生みだす酸だ。乳酸、酢酸（酢にも含まれている）、プロピオン酸、ギ酸という各種の酸が歯の表面に広がり、カルシウムなどのミネラルを取りのぞいてしまう脱灰によって、エナメル質を食いあらしていく。一方で、食べものに入っているカルシウムとリン酸塩や歯磨き粉のフッ化物が、こうして失われたミネラルを補う働きもあり、このような脱灰と補充のサイクルが一日に何回か繰りかえされる。常在細菌叢は原則として感染を起こすことはないが、虫歯だけは例外だ。

皮膚の表面でも、一部の細菌が厄介のもとになる。皮膚常在細菌は、エクリン汗腺から出るアミノ酸、塩分、水分を消費している。エクリン汗腺はからだじゅうにあって、体温を下げるために水分の多い汗を大量に流す汗腺だ。さらに、脇の下、耳の穴、乳首周辺、外陰部のアポクリン汗腺から出る、もっとドロドロした汗にも細菌は取りつく。アポクリン汗腺は、ストレスや性的刺激を感じると活発に働く傾向がある。こうした場所にいる皮膚常在細菌は、汗に含まれた脂肪分を分解し、脂肪酸と窒素や硫黄を含んだ化合物の混じりあったものに変える。そしてそのすべてが揮発して、空気中に体臭をただよわせる。

ブドウ球菌のようにだれにでもついている細菌はいくつかあるものの、人それぞれで常在菌は異なり、独特な体臭を生んでいる。科学者たちは長いあいだ、フェロモンと呼ばれるとらえどころのない分泌物を探ってきた。フェロモンは臭いによって人と人とのコミュニケーションを育むとされる物質だ。だが私としては、常在細菌叢からの分泌物が、人間版クオラムセンシングだと証明される日がくるのではないかと思っている。２００９年に人類学者ステファノ・ヴァーリオは、出産直後の女性の汗に含まれた揮発性物質を分析し、珍しいパターンの臭気化合物を発見した。母親と赤ちゃんが互いを認識するのに役立っているのかもしれない。

体臭を防ぐデオドラント製品と石鹸の業界は大金を費やして、皮膚細菌が作る自然の産物を食いとめるべきだと、人々に呼びかけつづけている。デオドラント製品を作る会社の臭気判定部屋には、毎週毎週、何百人というデオドラント実験ボランティアが次々にやって来る。ボランティアは、まるで容疑者の首実験のようにきちんと一列に並んでから、おもむろに両腕を高く上げる。すると訓練を受けた臭気判定士のチームが、列の端からひとりひとり順番に進んで判定の結果に「点数」をつけていく。臭気判定士の大半は女性だ。モネル化学感覚研究所は２００９年に、女性の嗅覚系のほうが男性の嗅覚系より、体臭からより多くの情報を集められることを確認した。（臭気判定士は、目隠しされても自分の配偶者がわかると断言している。）臭気判定士たちは脇の下の臭いの点数に応じて、新しいデオドラント製品のなかから最高と最低のものを評価する。点数0は臭いがまったくないことを意味するが、10なら、部屋からみんなが逃げだすほどの臭いだ。

惑星はひとつ

微生物学の黄金時代には、細菌は互いに無関係な利己主義者だとみなされていた。パスツールは糖を発酵させて乳酸を作る細菌を研究した。ジョゼフ・リスターは病院の患者に感染する病原菌に注目した。ロベルト・コッホは炭疽症の病原菌（炭疽菌）を発見し、細菌が病気を引きおこすプロセスを徹底的に調べあげた。コッホはその後、感染症の診断に今も使われている手法につながる一連の基準（コッホの条件）を定めている。相互につながりあった細菌の世界や環境由来細菌と人間との関係に生物学者たちが気づくのは、微生物生態学が発達してからのちのことになる。

表皮ブドウ球菌（*Staphylococcus epidermidis*）が体臭の原因になることを見るだけで、細菌と人間とのあいだにつながりがあることはすぐわかる。だが実際には、何千という隠れた細菌の活動が、この惑星全体の生態系そのものをかたちづくっているのだ。土の中ではアゾトバクター属が空気中から窒素を取りだし、化学的な組みかえをしてから、ニトロソモナス属に渡す。ニトロソモナス属は窒素をまた違うかたちに変えて、ニトロバクター属に渡す。するとニトロバクター属は窒素を硝酸塩にして外に出すので、それが土のなかに広がっていく。硝酸塩の一部はクローバーや大豆などのマメ科植物の根に達する。植物の根の表面では、嫌気性のリゾビウム属が硝酸塩を吸収して、植物が利用できるかたちに変える。このプロセスは、より高等な生きものが必要としている窒素の補給に、欠かすことができない。

同様に、炭素が地球上の生物と無生物のあいだを循環するためには、この惑星の倒木や死んだ動植物を分解してくれる腐食菌の力が不可欠だ。土のなかのどこにでも見つかるバチルス属は、プロテアーゼ、リパーゼ、アミラーゼという酵素を分泌することによって、それぞれタンパク質、脂肪、炭水化物を分解する。そのほかの数千にのぼる種も、同じようにして有機物を分解している。たとえばセルロモナス属の細菌はセルラーゼという酵素を出して——この酵素を産生できる細菌は少ない——植物のセルロース繊維を消化する。細菌は最終産物として二酸化炭素を出し、それが大気中に入っていく。すると、海の表層に住んでいる膨大な数の光合成細菌がこの気体をとらえ、細菌細胞、原生動物、無脊椎動物などの新たな食物連鎖に炭素を引きこむので、やがて炭素はマグロの刺身に入ってレストランのメニューに登場することになる。

だれかが昼食の刺身を口に運んでいるとき、空にモクモクと雲がわきはじめたら、そこにも細菌が一枚かんでいる。海洋性の光合成細菌と藻類は正常な代謝の排出物として硫化ジメチルを作りだし、その量は年間5000万トンにのぼる。この気体が上昇して大気に混じっていくと、化学変化を起こして硫酸塩になるが、この反応は水蒸気を引きよせる。水蒸気は水滴に変わり、雲になる。地球全体のスケールで見ると、雲のせいで光合成細菌の活動は落ちるから、硫化ジメチルができる量も減少する。すると雲が薄くなって、また循環がはじまる。

レーウェンフックが1677年に細菌を発見した町、デルフトにある、デルフト工科大学のアルベルト・クラウファーは、微生物のもつすばらしい「統一性と多様性」を称えた。遺伝子の95パーセント以上を共有しながら似ていない生きものたちを、完璧に表現した言葉と言えるだろう。人のからだに住む細菌も、それぞれに統一性と多様性を備え、ほとんどの状況でからだの代謝の働きをベストに保っている。それでも、善玉菌より病原菌のほうが研究者と医師の注目を集める。だから伝染病が、細菌に関する知識を広げる役割を果たしてきた。微生物学における発見の多くは——科学全般にわたって言えることだが——天賦の才とセレンディピティの融合によって生まれたものだった。

2　歴史のなかの細菌

伝染病を別にすれば、人類が早くから細菌とかかわりをもったのは、おもに食べもの作りの分野だった。ホイートン大学の生物学者ベッツィ・デクスター・ダイアーは以前、たとえば次にあげるような細菌が生みだす食品だけを並べても、きちんと一食分の献立になると書いている。

チーズ　プロピオニバクテリウム属でスイスチーズ、ブレビバクテリウム属でリンバーガーチーズ

オリーブ　リューコノストック属、ラクトバチルス属、ペディオコッカス属

ドライソーセージ　ペディオコッカス属

サワードウブレッド　各種の乳酸菌

バター　ラクトバチルス属

カッテージチーズ　ストレプトコッカス属

ステーキや牛乳が食卓にのぼるのも、ウシのルーメン（第一胃）のなかで、嫌気性細菌が草を消化したからだ。ルーメン発酵は、無酸素の状態で糖を微生物のエネルギーに変え、副産物として酸やアルコールを生みだす。

人が意識的に発酵させて新しい食べものを作った最古の例は、オリーブの実かもしれない。紀元前1600年までには、フェニキア人がギリシャの島々にオリーブの栽培を広めていた。そして発酵によってできる酸が、長い航海のあいだ、その実を保存しておくのに役立った。このことにはじめて気づいたのはだれなのか、今となっては知る由もない。ただ食物史の専門家は、発酵食品の発見はまったくの偶然か、ほかの食糧をすっかり食べつくしてしまった探検家が仕方なく口にした結果ではないかと推測している。

細菌による食品の腐敗は、酸ができる、タンパク質が固まる、気体や毒素が発生する、または分解されるというかたちであらわれる。毒素は食中毒を引きおこすし、分解されてしまうと栄養価がなくなるから、もう食べものとしては使えない。ところが酸の生成をうまくコントロールすれば、生の野菜、果物、ジュースを保存できるうえに、栄養素もほとんど残すことができる。タンパク質の凝固も、乳製品で同じ効果をあげる。

アルコールを生みだす細菌を利用したワイン作りは、紀元前6000年にはメソポタミアで行なわれていた証拠が見つかっており、それより前からはじまっていたことはまちがいない。その後200

0年あまりの時をかけて、ヘブライ、中国、インカの文化がワインとビールを作る酵母発酵を完成させたが、その後も細菌で農作物を発酵させてザワークラウトやピクルス、醤油、貯蔵用の牧草などが作られ、酸という保存料のおかげで生のまま置くより長持ちさせる方法が後世に伝わった。腐った食品を最初に味見してみた勇気ある人たちは歴史のかなたに埋もれてしまったものの、必要に迫られたにせよ、冒険心からにせよ、彼らが食品の保存方法を発明したことになる。

細菌による乳製品の誕生は紀元前3000年より前までさかのぼり、ウシ、ヤク、ヤギ、ヒツジ、ウマ、ラクダ、さらにはトナカイの乳まで利用された。18世紀の詩人アレクサンダー・ポープが「ロバのミルクのまっ白い凝乳」と表現した発酵乳製品は、あちこちで生まれたらしい。商人たちは動物の内臓をきれいに洗って袋を作り、そこに乳を入れて村から村へと運ぶ習慣をもっていたのだが、胃の酵素であるレンニン（凝乳酵素で、キモシンとも呼ばれる）が袋の内側に生きたまま残っているのには気づかなかった。この酵素は乳タンパク質を凝固させる働きをもち、乳児の飲んだ乳が消化器官をゆっくり通りすぎるようにして、その消化を助ける。ウマの背につるされた袋のなかでは、レンニンがチーズを作った。

チーズ、ヨーグルト、バター、バターミルク、サワークリームに利用される主な細菌は、乳酸を作るラクトバチルス属、ラクトコッカス属、ストレプトコッカス属、リューコノストック属で、これらは何世紀も前から今まで変わっていない。サラダのドレッシング、コールスローミックス、マヨネーズを作る食品会社は、今では乳酸菌の増殖を促し、酸っぱくてピリッとした風味を醸しだすと同時に、食品の保存にも役立てている。

細菌の力によっておいしい食べものに生まれ変わらない食品の場合、古代人たちは凍らせる、煙でいぶす、乾燥させる、あるいは塩、砂糖、蜂蜜を加えるという方法をとった。これらの保存方法では、細胞の反応に水の分子が使えなくなり、細菌は増えることができない。食品メーカーはこうした古代からの方法をいまだに利用する一方、現在は食品中の微生物を増やさない化学物質も使うようになった。

これに対して細菌の側では、水がなくても化学物質にさらされても傷つくのを逃れる策を用意している。多くの細菌は、水が不足してくると休眠状態に入り、周囲に水が戻ってきたとき、ふたたび増えることができる。ごくふつうに土のなかに住んでいるクロストリジウム属やバチルス属は、休眠よりもっと確実に身を守れるよう進化してきた。芽胞を作る作戦だ。芽胞は、凍るほどの低温にも熱にも、沸騰や化学物質にも、放射線の照射にも、生物界のほかのどんな種類の細胞よりよく耐える。そのあとで、微生物学者がほんの少しの土を栄養たっぷりの培養液に溶かしこんで培養すれば、やがて芽胞は発芽し、活発に増殖する細胞になる。(特に頑固な芽胞の場合には、およそ55℃で5分間ヒートショックを与えないと、発芽しないこともある。)

1993年にはアメリカの微生物学者ラウール・カノとモニカ・ボルキが、2500万~4000万年前のものと思われる琥珀のなかに残された絶滅したミツバチから、バチルス・スフェリカス(*Bacillus sphaericus*)に似た芽胞を見つけている。まったく新しい発見が伝えられたときの科学の常で、これを疑わしく思う学者たちが名乗りでて、その細菌はあとから混入したにちがいないと主張した。生物がそんなに長いあいだ生きのびられるわけがないという批判の声もあがった。ところが20

00年になると、生物学者ラッセル・ヴリーランドが2億5000万年前の岩塩に埋まっていたバチルス属の芽胞を見つけ、研究室でその細胞を増やして、まだ生きていることを証明した。ヴリーランドとそのチームはさらに、増やした細菌で16S rRNAの解析を行ない、それが現代のバチルス属の祖先であることも突きとめた。カノが直面したものと同じ疑いの目が自分にも向けられることを予測してか、ヴリーランドは滅菌した器具に汚染物質が混入する確率や自分の無菌操作にほころびが出る確率は、10億分の1だとする計算も発表している。これらの細菌があとから混入したものでないとすれば、こうした研究から細菌の芽胞のおどろくべき耐久力が実証されるし、芽胞を作る病原菌から食べものを守る難しさも伝わってくる。

大昔の人々

古病理学は、古代の遺物を調べて歴史上の病気のヒントを見つけ出す学問だ（図2・1）。古病理学者たちは光ファイバー、X線画像、コンピューター断層撮影（CT）を駆使し、棺を開かなくてもそのなかを見ることができる。そしてそこに傷んだ組織が残っている形跡があるときだけ、蓋を開け、わずかな組織、骨、歯の髄からDNAを取りだす。こうして手に入れた古代人のDNAを現代の病原菌とくらべ、科学者たちは何千年にもわたって人間社会につきまとってきた主な細菌性の病気を明らかにしている。炭疽症（炭疽菌 *Bacillus anthracis*）、腺ペスト（ペスト菌 *Yersinia pestis*）、コレラ（コレラ菌 *Vibrio cholerae*）、ジフテリア（ジフテリア菌 *Corynebacterium diphtheria*）、ハン

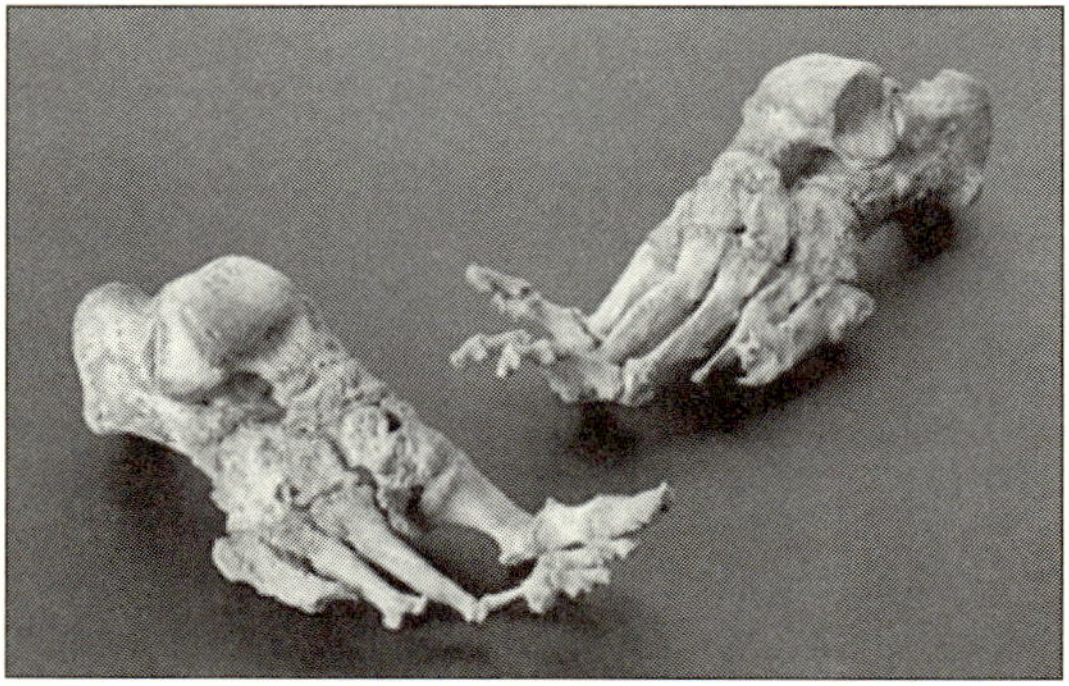

図２・１　ハンセン病。ハンセン菌が、からだのなかで体温の低い手足を選んで攻撃し、おもに皮膚や末梢神経を侵していく。写真にある1350年ごろのハンセン病患者の足の骨からわかるように、この病気は骨格をむしばむ。（写真提供：Science and Society Picture Library, Science Museum, London）

セン病（ハンセン菌 *Mycobacterium leprae*）、梅毒（梅毒トレポネーマ *Treponema pallidum*）、結核（結核菌 *M. tuberculosis*）、腸チフス（チフス菌 *Salmonella typhi*）などだ。またその古病理学の技術を、古い書物から拾いあつめた事実で補うこともできる。小プリニウスは西暦79年から109年までのローマ社会の記録を残したが、あるエッセイのなかで、親しい友人がかかった病気について次のように書いた。

　彼女はずっと熱が下がらず、日ごとに咳がひどくなり、痩せこけ、弱っている。それでも気持ちはしっかりしていて、けっして弱音をはかず、夫のヘルヴィディウスにふさわしい気丈さを保っている……。だがそのほかの点ではあまりにも衰えていくので、私は不安を抱くばかりか、深い悲しみさえ感じている。

熱や気丈さはともかくとして、咳と衰弱に言及している点から、医学史家はプリニウスが結核について描写していたことがわかる。さまざまな病気がいつ出現したかという研究には、癌と心臓病が古代にはほとんどなかったという知識が役立ってきた。病死の大半は、感染症が原因だったとみなすことができる。

微生物学者が細菌と病気とを結びつけた何千年も前から、衛生状態によって生活の質が大きく変わることに気づいた人たちもいる。メソポタミアの王サルゴンは紀元前2200年ごろに、支配階級のための屋外便所の建設を命じ、ギリシャ人とエジプト人は同じようなトイレに似た容器を発明して、飲み水と食べものを人の糞尿から守った。ローマ帝国の最大級の都市には、裕福な人々のために水道橋、公衆浴場、下水道を備えた模範的な衛生設備が整えられた。（ローマの貧しい人々は不潔な環境に耐えていたので、慢性の感染症にかかることが多く、寿命も短かった。）古代ローマ人は香りを楽しむために、風呂の水に香辛料やハーブオイルをまいていた。今では、それらを低濃度で使って細菌を殺せることがわかっている。

ローマ帝国の衰退とともに、衛生をめぐる慣習は変化していった。ローマカトリック教会は科学だけでなく世論に対しても影響力を強め、病気は神が悪事に下した罰だと教えた――今でも一部の聖職者はそう信じつづけている。人間の行動はたしかに病気の感染に影響するが、悪事はまったく関係ない。

歴史に刻まれた細菌性病原体

第二次世界大戦中、ドイツとイギリスの科学者たちは競うように「魔法の弾丸」を見つけようとした。探し求めていたのは武器ではない。戦場で負傷した兵士が感染症によって無駄に死んでいくのを止めるために、病原菌を確実にやっつける特効薬がほしかったのだ。特効薬が登場するまでのあいだ、感染症の治療に用いられたのはおもに薬草で、効くこともあれば効かないこともあった。

結核の出現は有史以前にさかのぼる。ウシ型結核菌（*Mycobacterium bovis*）は、ウシが家畜として飼われるようになったのにともない、紀元前８０００年から４０００年までのあいだに、人間にもうつるようになったらしい。紀元前３７００年ごろのエジプトのミイラの背骨からとった試料で、結核による病変の痕跡が見つかっているが、それがウシ型結核菌によるものか現代のヒト型結核菌によるものかは判別できていない。ただしこれらふたつの種では遺伝子の99・５パーセント以上が共通しているので、違いはわずかだ。

紀元前４００年にはヒポクラテスが、ギリシャで最も広まっていた病気を「肺の病」としているが、そこに描かれた症状は肺結核の典型的な兆候を示していた。『金言集』には、「肺の病に冒された人では、吐きだした痰を石炭の上にたらして悪臭がするなら、そして髪の毛が抜けおちるなら、命にかかわる証拠だ」と書いている。感染した人の咳やくしゃみで、あるいは息だけでも、結核の病原菌は人から人へと伝染し、人口密度の高い居住区はいつもこの病の温床になってきた。現在、世界人口の３分の１が結核に感染しており、ウシではなく人間が感染源となっている。

腺ペスト、梅毒、炭疽症は、紀元前2000年ごろから定期的にあらわれはじめたようだ。歴史学者たちは、歴史家イプエルが伝えようとしたことについて議論を重ねてきた。イプエルは紀元前1640年から1550年までのあいだのある時期に、エジプトで起きた伝染病の流行について書きのこしている。「エジプトの第5の疫病」について、イプエルはこう書いた。「あらゆる動物が、その心が、涙を流し、ウシたちは、うめき声をあげる。」この一節は、人間だけでなく動物にとっても命取りになる炭疽症を描いているように思える。

人々の移動が盛んになるにつれ、伝染病はどんどん遠くまで広まるようになった。紀元前2800年から300年ごろまで地中海を縦横に行き来したエジプト人とフェニキア人の商人に連れられて、病原菌も旅をした。どちらの文明も紅海からペルシャへと船隊を送りだしたが、フェニキア人はヨーロッパの海岸線に沿って北にも向かった。ヨーロッパ各地の人々は、梅毒にかかった船員との接触をまぬがれても、寄生虫や病原菌がついた交易品のせいで病気にかかることもあっただろう。たとえば炭疽菌の芽胞は、わずかに泥がついた皮革、毛皮、羊毛のなかに隠れていた。船が波止場に着くたびに、ネズミも通路をはいおりて、腺ペストを上陸させたのはまちがいない。

炭疽症は労働者たちのあいだに広がっていく。土に手を触れる仕事をする人は土に触れない人より、炭疽菌の芽胞を吸いこんだり切り傷から感染したりする可能性がはるかに大きかった。ヒツジの毛刈り職人、皮のなめし職人、肉屋も、ほかの職業の人たちより感染する割合が高かった。家畜にも地面から微生物がつきやすいので、農業では頻繁に炭疽症の流行が起きた。1600年代に発生した「ブラックベイン（黒い死）」と呼ばれる大流行では、ヨーロッパで命を落としたウシの数は10万頭近くにのぼる。人から人に炭疽症が感染することはない。人間がかかるヒト炭疽の大半は皮膚炭疽だが、呼吸によってまわりから芽胞を吸いこむこともある。炭疽菌が肺のなかで発芽すると、感染した人の致死率は75パーセントに達する。現在、アメリカ合衆国での炭疽症の発症は1年に1例にも満たない。開発途上国の発症率は、これよりわずかに高くなっている。

梅毒を引きおこす梅毒トレポネーマも動物から人間に感染するようになったもので、発端は熱帯アフリカだという説が有力だ。1962年にギニアのヒヒから、人間の梅毒の原因になっている細菌とよく似た菌が分離された。ただし、それ以外には梅毒の起源を示すヒントはほとんどない。地中海沿岸とヨーロッパ全域に梅毒を広めていったのは古代の探検家たちだったかもしれない。腺ペストの主な蔓延経路と同じように、アジアから西に向かう交易路に沿ってヨーロッパへ、のちにはアフリカからの奴隷売買によって西半球へと広がっていったとする考え方もある。梅毒の伝染はそのほかに、歴史上の武力による侵略にも必ずついてまわった。

病気を専門に研究する歴史学者は、残された骨格から梅毒を診断する際に、頭蓋骨に乾性カリエス（骨の崩壊）を見つけようとする。骨が虫に食われたように見えるのに加え、長い骨が太くなるという特徴がある。らせん状をした梅毒の菌は、睾丸に侵入してそこで増殖し、性交渉の相手にも同じように皮膚からもぐりこむ方法で感染する。その後、細菌はリンパ系と血流にのって全身に広がる。病状が進行するにつれて皮膚、大動脈、骨、中枢神経系が侵されていくものの、初期にはほとんど症状が出ないので、何世紀ものあいだ正しく診断されないことが多かったにちがいない。医師たちがようやく梅毒とハンセン病を見分けられるようになったのは、1494年から1495年にかけて、ナポりで発生したヨーロッパ初の梅毒の大流行からだ。これは今でもなお史上最悪の梅毒流行のひとつに数えられている。同時期に起きたナポリ包囲から、新大陸に梅毒の起源があるとする説が生まれているが、真実かどうかをめぐる議論にはまだ決着がついていない。

１４９４年、フランスのシャルル８世はナポリ王国の継承権を主張して、ナポリに軍隊を送った。この侵攻のあいだにフランス軍兵士のあいだで梅毒が広まり、やがてこの病気はヨーロッパ全体に蔓延していく。このナポリ包囲と、スペインを出発したクリストファー・コロンブスの航海が、ほぼときを同じくしているために、一部の歴史学者はコロンブスの部下たちが梅毒をヨーロッパにもちこんだと確信するようになった。コロンブスは１４９２年８月に、１５０人の乗員とともに３隻の船でスペインのパロス港を出発し、発見したイスパニョーラ島に部下の一部を残して１４９３年３月に帰港している。そして１４９４年と１４９５年には、カディス港からイスパニョーラ島に向かうその後の航海に加わったあわせて30隻の船と乗員２０００人以上がスペインに戻ってきた。船からおりたコロンブスの部下たちのほとんどは、過酷な遠洋航海にこりごりし、金を稼ぐために傭兵となってナポリの戦線に加わった。この地で突然流行した梅毒は、これらの傭兵がもちこんだものにちがいない、というわけだ。その後、フランス軍が撤退を決めてシャルル王の兵士たちは故国に戻り、ナポリで流行した梅毒も兵士といっしょにヨーロッパ各地に広がっていった。

１４９７年から１５００年までのあいだにヨーロッパの医師たちが書いたものを読むと、ナポリの人々を犠牲にした病気は、それまで見たこともないものだったことがわかる。フランス人は梅毒を「ナポリ病」と呼んだ。だがイタリア人も同様に、この病気の出処については確信をもっていた。１

500年にはスペインの医師ガスパール・トレッラが、次のように書いている。「そのようなわけで、それはイタリア人によって『ガリア（今のフランス）病』と名づけられた。イタリア人はこれがフランス国民に特有の病気だと考えたからである。」議論に終わりはなく、互いに責任を押しつけあう状態は長年にわたってつづいたことだろう。

多くの歴史学者が考えているように、ヨーロッパに梅毒をもたらしたのはほんとうにクリストファー・コロンブスの船団だったのだろうか？　コロンブスの1回目の遠征でピンタ号の船長をつとめたマルティン・アロンソ・ピンソンは、船乗りとして、コロンブスと激しく競いあうライバルだった。だがピンソンはスペインに帰国してまもなくの1493年に、梅毒で世を去っている。症状はもっと早くから出はじめるとしても、この病気が命にかかわる段階に入るのは、感染の10年から20年後のことだ。つまりピンソンは1492年よりずっと前に梅毒にかかっていたことになる。ピンソンはコロンブスとともに遠征する以前、アフリカの海岸沿いに航海してアゾレス諸島まで達しているので、梅毒に感染した場所の可能性は広がる。コロンブスがこの性病をもち帰ったかどうかの推測に、決着はつきそうもない。

ペスト

6世紀にビザンツ帝国（東ローマ帝国）を支配したユスティニアヌス1世は、ビザンチン様式の建築をコンスタンティノープルから地中海沿岸に、ナイル川上流に、さらにヨーロッパの奥深くへと広めることに力を入れた。艦隊が航海に出る準備をととのえるために、ユスティニアヌスは町外れに巨大な穀物倉を建て、常に蓄えを切らさないようにと命じた。穀物は艦隊に食糧を補給したが、同時にネズミにも餌を用意することになり、その数は爆発的に増えていった。

西暦540年までに、ユスティニアヌスはコンスタンティノープルの勢力拡大に成功をおさめる。ところが新しく作られた港ではどこでも、住民たちが吐き気を訴え、寒気、熱、頭痛に悩まされはじめた。場所によっては船が到着してたった2日後に、そうした混乱が起きた。住民の腹はふくれ、すぐに激しい痛みと血性の下痢がつづいた。リンパ節に壊死した組織が詰まり、たいていは最初に気分が悪くなってから6日目までには死んでしまった。その皮膚には一面に、濃い紫色の病斑があらわれた。同じ病気はコンスタンティノープルでも発生し、そこでは1日の死者が1万人に達していた。症状が出はじめた人の多くはうろたえ、田舎に逃げたので、何日かすると農村部でも同じように死者の数が急増した。

ユスティニアヌスはこの悲惨な状況も、何度かあった暗殺の企ても、すべて見て見ぬふりですませた。そして自分の夢を追うために、おそらくどんどん減っていった働き手から新しい船乗りを確保するためにも、湯水のように金を使いつづける。「ユスティニアヌスのペスト」と呼ばれるこの流行は、590年にようやく下火になるまでのあいだに帝国の人口の60パーセントにあたる1億人の死者を出すことになった。ユスティニアヌス自身はペストによる死をまぬがれ、王になってから38年目に老衰で世を去った。

この有史初の腺ペスト大流行を引きおこした原因は、何だったのだろうか？　今も昔も、腸内細菌のペスト菌を運ぶのはネズミの仲間で、菌が毛や皮膚についていることがある。ノミがペスト菌をもった動物に食いつくと、菌がノミの体内に入り、その消化管はペスト菌でいっぱいになる。このノミが人を咬んだり、排泄した菌が人の傷口についたりすれば、人に感染する。菌をもったノミがまだ感染していないネズミにとりつけば、ペスト菌の運び屋はさらに増える。コンスタンティノープルのような大都市で衛生状態が悪ければ、ネズミの数が増え、ノミに咬まれる確率も高まる。ユスティニアヌスは穀物倉を建てることで疫病を助長した。穀物の蓄えは、この病気の菌を蓄える大量のネズミに恰好の居場所を提供することになったからだ。

ユスティニアヌスの治世のあと、不思議なことに700年ものあいだ腺ペストの大流行は起きていない。やがてローマ帝国の威信が薄れ、そのわずかな名残も消えていくにつれて、疫病予防も忘れられるようになり、多くの矛盾した考えが生活のなかに根づくようになった。ゴミや動物の死骸を家に置いておけば災いを遠のけられるから、病気も追いはらえると信じる一方で、悪臭が病をもたらすと考える者も多かった。居間に動物の死骸があれば、さぞかしひどい臭いがしたにちがいない。中世の幕開けとともに、各都市に立派な病院が建設されても、医療はまだ施療師の受けもちで、ヒルを使ってからだの痛みをとる方法が用いられた。出産時の処置がずさんなせいで精神疾患の子が生まれる割合が高く、そのこともひとりひとりを衛生的に保つのをさらに難しくしていた。

14世紀以降、4回にわたってペストの大流行が発生してヨーロッパの人口が激減することになるが、なかでもおそるべき猛威をふるったのは「黒死病（ブラック・デス）」と呼ばれた14世紀の流行だ。ペストにかかると皮下の出血によって全身に黒紫色の斑点ができるために、この名がついた。1347年から1352年までに2500万人を超える人々、なんとヨーロッパの総人口のおよそ30パーセントが命を落としている。ペストはアジアからの交易路をたどって北アフリカとクリミア半島に広まり、その後ヨーロッパに達したもので、それらの死者をあわせると、黒死病は世界で合計1億人もの人々の命を奪ったことになる。ユスティニアヌスの時代から変わらず、生き残った人々が死者を埋葬するには時間がかかった。生き残った者は、町はずれの共同墓地まで長い棒の先でおそるおそる死体を運んだ――英語には、「そんなものにかかわりたくない」という意味の、「10フィートの棒の先でも触れたくない」という言い回しがある。病気の勢いが衰えたのはアルプス山脈の高地だけで、寒さのせいでネズミが住めなかったうえ、突然変異によって病原菌の毒性が弱まったようだ。

10年足らずのあいだに1億もの命を奪い、ヨーロッパの人口の3分の1を消滅させるほどの黒死病の流行は、社会に深い爪跡を残し、その影響は何世代にもわたって消えることがなかった。絵画や音楽まで、いつも人間を打ち負かす死神が迫りくる姿を再現した（図2・2）。子どもの75パーセントを失った都市もあり、一族の生き残りがたったひとりという家族も珍しくなかった――ペストは親のない世代を生みだした。職人も画家も農民も聖職者も姿を消した。経済の勢いが急速に衰えたために、出生率も低下した。

ペスト流行のあいだも、聖職者たちは数世紀前からの主張を変えず、病気は神が与えた贖罪の機会だとした。信仰と魔術を結びつけることによって瀕死の人々を救おうとしても、いっこうに効果があがらず、教会はそれまで社会で認められていた特権的地位を失うことになる。その一方で、銀行業という職業の威信が高まった。それにはふたつの理由がある。ひとつは、ペストで命を落とさずにすんだ人々が、子のために財産を守る必要があると痛感したことだ。死が突然襲ってくるとあれば、なおさらふだんからの備えが大切になった。そしてもうひとつは、農奴が封建地主によって支配されていた農地を捨て、都市部の人手不足を補うために金銭を稼ぐ仕事につくようになったことだ。それは、働き手が足りない町々で最高の賃金を求めてヨーロッパじゅうを渡りあるく、移動労働者を誕生させるきっかけとなった。家族でひとりだけ生き残って一家の財産を受けついだ若者たちは、それまで勉学の中心地だったパリ、ウィーン、ボローニャなどの大都市には移り住まなくなった。こうして14世紀には、オックスフォード、ケンブリッジ、エジンバラ、アムステルダム、コペンハーゲン、ストックホルムが新しい教育の中心地となる。またヨーロッパ大陸の過疎化によって、開拓や開発に利用できる土地が広がり、現代ヨーロッパの工業中心地の基礎が築かれることになった。

ペストの流行にあたっては、外科医も聖職者と同じくらい役に立たなかった。外科医の地位は落ち、それが回復するのは19世紀になって、ジョゼフ・リスターが病院での消毒の必要性を説いてからになる。理髪師のほうがそれより信頼のできる医師として人気を博したが、理髪師が万能の治療法としてよく用いたのは、「瀉血(しゃけつ)」(血を抜くこと)だった。だが、今では西洋医学と呼ばれているものも少しずつ発達していく。医学の専門学校ができ、学生たちは解剖学や生理学を学びはじめた。その結果、医師たちは感染症が内臓器官に与える影響についても理解できるようになっていった。

こうして歴史に残るペストの流行が発生するたびに、生きのびた人たちは感染を避ける予防法を身につけていく。腺ペストは接触感染しないものの、死者や瀕死の人々であふれかえった町の通りを見れば、だれが病魔に襲われてもおかしくないことはすぐにわかった。幸いにも感染をまぬがれた人たちは、死体を田園地帯まで慎重に運びだし、そこで火葬に付した。それが中世の最も一般的な処分法だったが、ときにはもっと工夫をこらして処理した人たちもいる。

１３４４年から１３４７年まで、タタール人はカッファ（現在のウクライナのフェオドシヤ）の港町を繰りかえし包囲攻撃していた。そこにはさまざまな国の、いろいろな政治思想の持ち主が住んでいた。このときすでに、東アジアのタタール人の母国はペストに荒らされており、カッファを包囲する兵士たちもつぎつぎに病に倒れていった。増えつづける死体の山を見てタタール人が思いついたのは、それを敵陣に投げこむという方法だった。巨大な投石用の武器を用い、カッファの城壁の向こう側に死体を打ちこんでいったのだ。健康なカッファの住人も、投げこまれた死体を集めて埋葬すると

図２・２　死の踊り。中世ヨーロッパでは、町々で何百人という死者が出て死が日常化し、画家も作家も作曲家もこぞって、死神が生者を圧倒する暗い未来を描いた。

きに感染したことだろう。このように細菌と人間は、病と暮らしと悪と神をすべて巻きこみながら、複雑な関係を織りなしていった。

微生物学者が窮地を救う

ルイ・パスツールは1822年、三代つづいた皮なめし職人の家庭に生まれた。学校の成績はあまりパッとしなかったが、化学だけは大好きで、大学に進学するころには有機化合物の構造を明らかにすることに夢中になっていた。この研究は生物学への関心を呼びおこしたようだ。それでもパスツールはまだ、自分は何をおいても化学者だと考えていた。

1848年、ルイ＝ナポレオン・ボナパルト3世がフランス大統領選に勝利すると、輸送、建築、農業が国の最優先課題となった。この命令によって、大学の科学者も利益をもたらす研究をせざるをえなくなった。リール大学の教授だったパスツールは、いやいやながら化学の実験道具をしまいこみ、何に使うかはっきりした計画もないまま顕微鏡を研究室に据えつけた。そして化学の実験に戻れるときがくるまで、学生に生物学と農業との関係を教えようと心に決めた。

だがパスツールの「一時的な」生物学への進出は、微生物学の歴史で最も輝かしい経歴の出発点となる。パスツールの著書は増え、その名声は科学界の内外でどんどん大きくなっていった。1850年代までには、フランスのアルコール製造業者たちから発酵方法を改良してほしいと依頼を受け、まず酵母発酵の研究をはじめる。おそらく、醸造業者がまだ詳しく調べていなかったからだろう。このとき発酵用フラスコからたらした一滴の液体を顕微鏡で覗いてみたパスツールは、奇妙な結果に気づいた。滴の上にカバーガラスをのせると、微生物の一部がカバーガラスの縁のほうを避けるように動いたのだ。縁のほうでは、液体が空気に触れていた。こうしてパスツールは生物学に嫌気性細菌という概念をもたらした。

発酵で起こっている過程を説明して、ワインとビールの業界が製造工程をより厳密に管理できるようにもした。さらに、フランスの絹糸産業に大打撃を与えていた蚕の病気を突きとめたことで、その名声は急上昇する。1860年代になると、パスツールはフランス国家の英雄的存在になった。（パスツールは蚕の病気の原因を細菌だとしたが、それは誤りだった。電子顕微鏡がまだなかった時代に、ほんとうの原因であるウイルスを見つけるのは不可能だったのだ。それでもパスツールは、それまで見すごされていた微生物と伝染病のあいだのつながりという、非常に重要な事実を明らかにしたのだった。）

国民はルイ・パスツールを敬愛した。ナポレオン3世は微生物に関する最新の理論を聞こうと、この微生物学者を食事の席に招き、パスツールは喜んでそれに応じた。だが実際のところは、自分の研究に疑問を抱く者はいっさい相手にしない気質の持ち主になっていた。そのうえ、裏づけのデータがほとんどないままで科学的な結論を導く能力も培っていた。（一部の人によれば、それは欠点でしかなかったが。）それでもルイ・パスツールは生物学に対してまれに見る鋭い洞察力を備えていたので、導いた結論はほとんどいつも正しいことが証明された。よく知られている失敗のひとつは、1865年にパリでコレラが流行したときのものだ。パスツールは病原体であるコレラ菌が空気感染するとみなしたが、実際には飲料水で伝染する。それでもフランス国民は、パスツールが懸命になって人々をコレラから救おうと研究していることを知って安心した。パリのコレラは自然に消滅し、流行は終わった。

１８８５年に９歳のジョゼフ・マイスター少年が食料品屋の犬に咬まれ、人々が狂犬病の不安に襲われたときには、パスツールは自ら考案した治療法をもとに、まだ試験が完全に終わっていない薬を少年に注射した。３週間後、マイスター少年はほぼ完全に回復する。少年がドイツ軍に占領されたフランスのアルザス地方出身だったことが、パスツールの伝説をさらに確かなものにした。フランスの国は祖国の科学の勝利を、そして同じようにワクチンを研究していたドイツ人ロベルト・コッホとの競争に勝ったパスツールの勝利を、高らかに宣言したのだった。成人したジョゼフ・マイスターはパスツールの死後、パスツール研究所の警備員として働いた。１９４０年、ドイツ軍はパリに侵攻し、研究所の敷地になだれこむと、パスツールの地下墓所の扉を開けるよう迫った。マイスターは数人の仲間とともに、墓所をドイツ軍に汚されまいと必死に守ったと言われている。だがまもなく、不可解にも自らの頭を銃で撃ちぬいて命を絶った。このことさえ、パスツールの名声をさらに高める結果になった。歴史家は、フランスの英雄であるルイ・パスツールを冒涜させまいとして、ドイツ軍の目の前で自殺したと書いたのだった。

微生物学に与えたパスツールの影響を、わずか数ページで書きつくすのは難しい。研究の初期には、長いあいだ信じられていた自然発生説が誤りであることを証明した。自然発生説とは、微生物やそのほかのすべての生命体が、岩、水、土などの無生物から生まれるとする考え方だ。それより前から、さまざまな生物学者たちがこの問題に賛否両論を繰りひろげていた。そして科学が発達するにつれて、微生物学者の多くは自然発生説を支える理論に疑いを抱くようになっていた――科学は少しずつ精神主義から距離を置くようになっていた。そのような時期にパスツールは、滅菌した肉汁が入ったフラスコから生命は自然に生まれないことを、実験によってはっきりと示す。このとき用いられたのは、開口部を細くしてS字型に曲げたフラスコだ。こうすれば空気は出入りできても、空気中の微粒子はS字の管の途中に落ちてしまい、フラスコの内部にまで侵入できない。滅菌したフラスコの広い開口部をそのまま空気にさらしたものは、すぐ細菌でいっぱいになったが、口を細くして白鳥の首のようにS字型にしたものは、無菌のままだった。この単純で洗練されたパスツールの実験は、同時代の人々の敬意を集めた。

パスツールは長い研究生活のあいだに、嫌気性と好気性の代謝を区別し、低温殺菌（パスチャライゼーション）として知られる保存法を発明し、狂犬病と炭疽症のワクチンをはじめて世に送りだした（図2・3）。パスツール本人が作った「白鳥の首フラスコ」は、今もパスツール研究所に展示され、無菌の状態を保っている。

1800年代の末にアジアで腺ペストが発生したとき、パスツールはフランス植民地保健事業からアレクサンドル・イェルサンを現地に派遣した。すでに1世紀も前から何度も改良を加えられた顕微鏡を利用していた微生物学者たちは、そのときまでに、患者から採取した試料を調べて病原菌を見つけ、病気を診断する技術を身につけていた。1894年、イェルサンおよび日本政府から派遣された細菌学者の北里柴三郎は、公衆衛生の担当職員らとともにペストの流行がはじまった香港に急行した。

1週間もしないうちに、イェルサンはペスト患者から桿菌の分離に成功する。北里もよく似た微生物を見つけたが、ふたりは片言のドイツ語で会話するだけだったので、互いの発見についてほとんど意見を交換することはなかった。イェルサンは報告書をパリのパスツール研究所に送り、北里は結果をベルリンのロベルト・コッホのもとに送る。パスツールやコッホのように名を馳せた科学者ならば、たいていの場合、データを見せあって互いの合意のうえで結論を導くはずだ。だが歴史の流れのなかで、イェルサンと北里の立場は12年前にはじまったパスツールとコッホの確執に左右されることになる。

パスツールとコッホは、細菌に対して異なる視点をもっていた。パスツールはからだの免疫系と病原菌との相互作用に焦点を当て、病原菌の毒性は時間とともに変化するもので、環境からの影響に応じて毒性の強い菌や弱い菌が生まれると考えた。一方のコッホは、病原菌が変異することは少なく、感染する機会があればいつでも毒性を出せるとみなしていた。1882年にジュネーブで開かれた会合で、パスツールが図らずもコッホの「ドイツ人特有の傲慢さ」を侮辱したことにならなければ、ふたりの考え方の違いは活発で温厚な議論を生んだことだろう。実際には、パスツールは聴衆に向かって、炭疽菌と結核菌に関するコッホの一連の研究のすばらしさを称えたのだが、コッホの隣でパスツールのフランス語の講演をドイツ語に通訳していた科学者は、話についていくのがやっとという有様だった。パスツールもコッホも知らないところで、この通訳が内容を誤って伝えてしまったのだ。まだ近代的な通信機器もない時代だから、この誤解はいつまでもつづく結果になった。コッホはパスツールを軽蔑したままベルリンに戻り、その気持ちを隠すことさえしなかった。

1885年にパスツールが狂犬病ワクチン成功の詳しい経緯を発表すると、コッホはパスツールのやりかたを一蹴し、病原体を弱毒化して作ったワクチンは患者を不必要に危険にさらすと主張した。ただし、その発言の根本にあった敵意は、ふたりの強い愛国心と、アルザス・ロレーヌ地方をめぐるフランスとドイツの国境争いから生じていたようだ。パスツールは1868年にボン大学から名誉学位を受けながら、のちに普仏戦争でフランスとドイツ（当時のプロイセン）のあいだで緊張が高まったとき、その学位を返上している。コッホがその事実を記憶していたことは、疑いの余地もない。パスツールはボン大学の学部長に、次のような書状を送っている。「今やこの証書は私にとって憎むべ

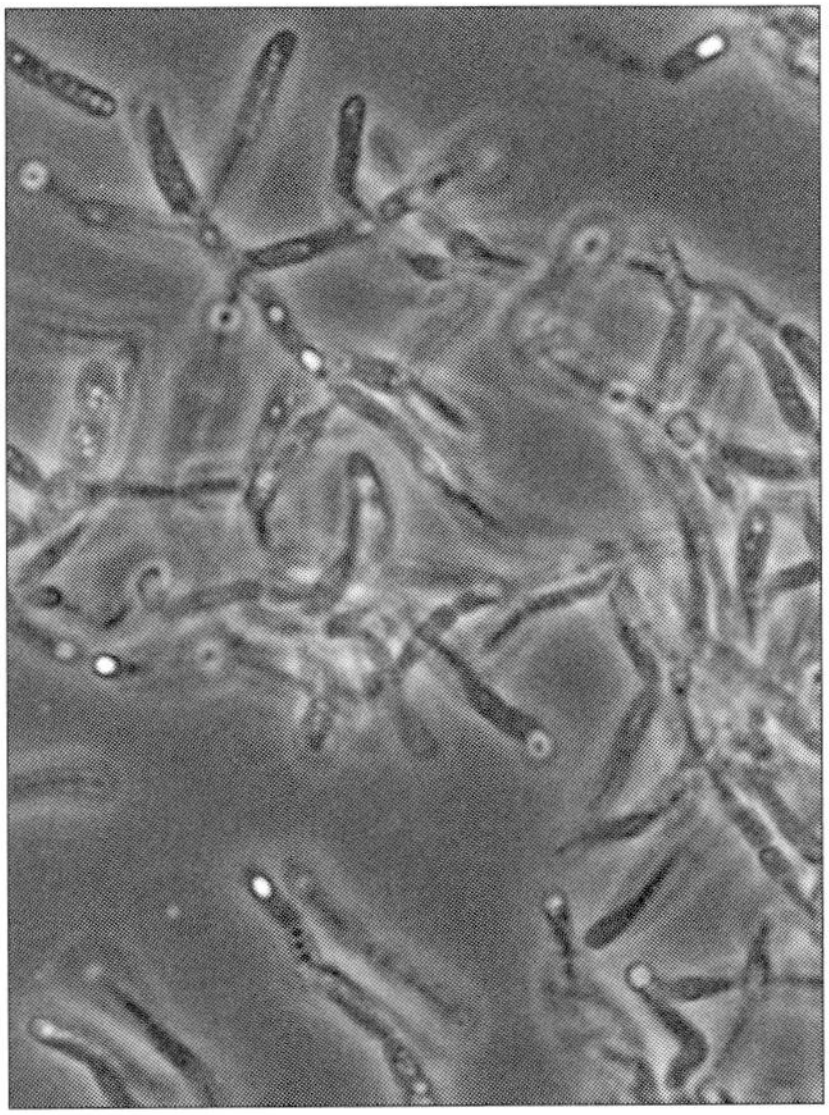

図2・3 炭疽症の病原菌である炭疽菌（*Bacillus anthracis*）。炭疽菌をはじめとしたバチルス属の細菌はすべて、身を守る丈夫な芽胞を作る。位相差顕微鏡で写したこの写真では、細長い細胞の内部に、明るい卵型をした芽胞が見える。（写真提供：Larry Stauffer, Oregon State Public Health Laboratory）

きものであり、これよりわが国によって忌み嫌われることになる名前の庇護のもとに置かれた自分の名を見ると、気分が悪くなるばかりです。」ドイツ人もこれに対して同じような辛辣な言葉で返信し、のちにどちらの手紙の文面も地元の新聞に掲載された。

こうした歴史を背景として、イェルサンと北里がペスト菌の発見者について意見を一致させる可能性は、ほとんどなかったと言っていい。北里は最後まで自分の発見はイェルサンのものと同じだと論じたが認められず、ペスト菌発見の栄誉はイェルサンのものになった。イェルサンはこの菌を、上司の名にちなんでパスツレラ・ペスティス（*Pasteurella pestis*）と名づけている。（微生物学者は今でも、命にかかわる病原菌に自分の名がつくことを誇りとする。この菌は1944年に、イェルサンの名をとってエルシニア・ペスティス（*Yersinia pestis*）と改名された。）歴史学者たちは北里が残した記録のなかに、ペスト菌を発見したと確認できる証拠を見つけられないでいる。新しい世代の微生物学者たちは、北里もイェルサンが見つけたものと同じ細菌を顕微鏡で見ていた可能性があることを認めて、この論争を鎮めようとするかもしれない。

パスツールとコッホはついに意見の違いを解消することはできず、パスツールは世を去るまでフランスへの強い愛国心をもちつづけた。1895年にはベルリン科学アカデミーが、パスツールにプロイセン王国最高勲章のメダルを授与するとして招待し、和解の手を差しのべている。だがこのフランス人は、ドイツがアルザスとロレーヌを占領しているかぎり、どんな招きにも応じる気はなかった。

知られざる微生物学の英雄たち

ルイ・パスツール、ジョゼフ・リスター、アレクサンダー・フレミングは微生物学の大きな進歩を代表する名だが、現代の技術分野の場合と同様、名声を手にできるかどうかは科学的な功績だけでなく本人のもつ個性によって決まることも多い。レーウェンフックの時代以来、何世代にもわたる無数の科学者たちが、数少ない高名な微生物学者たちに負けない献身的な努力によって細菌の秘密を追い求めてきた。だがそうした物語の多くは、見すごされたり発見を誤解されたりし、ときには妬みのせいもあって、忘れられている。

ロバート・フック

ロバート・フックは17世紀に、微小なものを拡大して自然界を見るためのレンズの組みあわせ方について、アントニ・ファン・レーウェンフックと手紙のやりとりをしていた。ふたりはよく似た器具を作りあげたが、レーウェンフックが「微生物学の父」と呼ばれて有名になったのとは対照的に、ロバート・フックの名はほとんど知られていない。才能豊かな生物学者で技師でもあったフックは、長い生涯のあいだに物理学、人文科学、建築学、地質学、古生物学も身につけている。

子どものころかかった天然痘のせいで、見かけは損なわれてしまったが、それを埋めあわせるだけの社交的な性格の持ち主だった。オックスフォード大学を卒業するころには、科学者の評判を大いに高める新星が出現したとイギリスの科学界で期待される存在になり、1662年には27歳の若さながら、ロンドンの王立協会の実験監督に任命された。生まれもった知性と、新しいものの考案が大好きな性格に、まさにうってつけの役職だった。フックは実験監督として王立協会員の前に立ち、生物学、化学、物理学の印象的な実験をつぎつぎに繰りひろげていった。それでも、毎月毎月こまかいことに集中しつづけるのがだんだんつらくなり、今やっている課題が終わらないうちに新しい課題に飛びついて、研究を最後までやりとげる退屈な仕事はほかの協会員にまかせてしまうことも多かった。

フックはレーウェンフックの顕微鏡の設計を工夫しながら利用し、レンズを通して覗き見る世界の詳しい研究をはじめた。昆虫、羽根、植物、葉のほかに、雪片や鉱物の結晶まで観察した像をていねいに描き、１６６５年にはそれをまとめて『顕微鏡図譜』を出版している。（この本の正式なタイトルは、『ミクログラフィア――あるいは拡大鏡による微小体の生理学的記述とそれに関する観察と探究』。）フックはこの本のなかで、薄く切ったコルクを観察したときにずらっと並んで見えた、よく似ていながら別々に分かれたひとつひとつの単位を、「細胞（cell――小部屋という意味）」と名づけた。当時は特に注目を集めなかったが、この語は生物学全体の基礎を築くものだった。細胞は地球上のあらゆる生きものをかたちづくる最も単純な基本単位で、細胞がなければ生命は存在しない。

建築と工学の分野でのフックの業績は目を見張るほど幅広いというのに、王立協会の記録にはその人物や研究に関する記述はほとんど残っていない。１６７２年、ケンブリッジ大学を卒業した数学者のアイザック・ニュートンが王立協会に加わった。ニュートンが協会にやってきたとき、フックはすでに太陽をめぐる地球の楕円軌道の重力をあらわす方程式を作りはじめていたが、ニュートンもまったく同じテーマに専門的な知識をもっていた。ふたりで惑星の運動の計算式を考えながら、ひ弱で内気な性格のニュートンは外交的で明るいフックに親しみを感じた。だがその協力的な関係も、その年のうちにいきなり終わりを告げる。ニュートンが協会員の前で披露した光と色の性質についての発表を、フックが公然と非難したからだった。ふたりの仲は二度ともとに戻らなかったばかりか、その後の10年間に、敵対心はますます大きくふくらんでいく。フックは、自分が前から考えていた理論をニュートンが自らのものとして発表し、横取りしたと訴えた。1687年には、ニュートンがフックをまったく無視して惑星軌道に関する論文を発表したことで、亀裂はもう修復できないまでに深くなったようだ。

後年、なぜかはわからないが、フックはひどく短気で不機嫌になってしまった。フックは多くの人々に激しい憎しみを抱き、アイザック・ニュートンもそのひとりとして含まれていた。1703年にフックが世を去り、ほどなくニュートンが王立協会長になると、ニュートンはすぐ協会の文書からフックの名をことごとく削除してしまう。うさんくさい状況のもとでフックの肖像画は行方不明になり、実験ノートの多くも消えた。こうして姿を消したノートのなかには、複合顕微鏡を発明したのがレーウェンフックではなくフックだった証拠が含まれていたと考える歴史学者もいる。フックがニュートンより早く重力の理論を考えついたかどうかについては、まだ真相は解明されていない。フックがその名をよく知られるのは、科学への貢献よりもニュートンとの確執によるところが大きいのは、残念なことだ。

ジョン・スノウ

疫学のはじまりは、1800年代にロンドンで何度も猛威をふるったコレラの流行を食いとめようとした医師の、粘り強い努力だった。ロンドンの医師ジョン・スノウは、1854年9月の日誌にこう書いている。「数週間前にブロードストリート、ゴールデンスクエア、それらに隣接した通りで発生したコレラは、この王国でこれまでに起きたコレラの流行のなかで、最もおそろしいものだろう。」同僚の医者たちは進退きわまっていたが、スノウはソーホー地区に足しげく通い、コレラが多発している場所の周辺で、家を一軒一軒訪ねては家族の健康状態や生活習慣をコツコツ調べ歩いていた。しかし、住民から集めたことこまかな情報は、多くの患者が訴える激しい下痢とは何の関係もないように見えた。

それでもスノウは根気強く調査をつづけ、山ほど集まった記録をふるいにかけていった。すると、コレラによる死者83人のうち73人が、無料で水を使える共同井戸のポンプ（図2・4）から2ブロック以内に住んでいることに気づいた。激しい下痢の発生は、家族がそのポンプでくんだ水を利用している頻度に関係していた。ポンプの取っ手をはずして井戸水を使えなくするだけで、1854年にソーホー地区で発生したコレラの流行を食いとめたスノウは、その後、疫学の父として名を知られるようになる。現代の疫学が用いているのも、スノウと同じ手法だ。疫学者は病気の多発地域を追跡し、病人たちの共通性を探っていく。よく見られる症状について医師や病院からの報告が増えたなど、そのほかの手がかりも集める。ある地域のトイレットペーパーの売上が急に増えたことで、水が媒介する伝染病の発生が見つかった場合もある。

スノウは、病原菌の出所が共同井戸だなどとは想像もつかないままに、調査をはじめていた。当時の人々は、そのころの病気の多くが水と結びついているとは思っていなかった。ドイツの微生物学者ロベルト・コッホが、水が媒介するこの病気の原因となるコレラ菌を発見したのは、ソーホー地区でコレラが発生してから30年後のことだ。

図2・4　ブロードストリートの井戸ポンプ。ロンドン市はこのポンプを、スノウがおそろしいコレラの流行を食いとめた史跡として保存している。スノウがこうして実績をあげるまで、ほとんどの医師は水が病気を媒介するとは考えていなかった。（写真提供：Peter Vinten-Johansen, et al., *Cholera, Chloroform, and the Science of Medicine: A Life of John Snow,* 2003, 289; および http://johnsnow.matrix.msu.edu/images/online_companion/chapter_images/fig11-2.jpg）

図2・5　衛生調査官たちは、「下痢はコレラのはじまり」という新聞の見出しに敏感に反応している。（写真提供：Wellcome Library, London; The John Snow Archive and Research Companion, Center for the Humane Arts, Letters, and Social Sciences online at Michigan State University）

ジョージ・ソーパー

1883年にアイルランドからニューヨークにやってきた移民のメアリー・マローンは、裕福な家庭の料理人として働くようになった。1906年の夏、メアリーが都会の暑さを逃れ、ロングアイランドのオイスターベイで家を借りて夏を過ごしていた銀行家チャールズ・ウォーレンに雇われると、まもなくウォーレン一家と使用人たちが頭痛、倦怠感、下痢、つらい熱に苦しみだした。医師はその症状から腸チフスと診断したものの、郊外に暮らす裕福な家族がなぜスラム街に多いこの病気にかかったのか、理解できなかった。

夏が終わるまでにウォーレン一家は元気を取りもどし、街に戻っていった。だがこの家の持ち主だったジョージ・トンプソンは、病気のことを耳にしたとき、見事な洞察力を発揮する――危険な病原菌が自分の家に侵入したにちがいないと考えたのだ。そこでトンプソンは公衆衛生の係官、ジョージ・ソーパーに相談を持ちかけた。ソーパーは潔癖できちょうめん、くそまじめという人物で、トンプソン家に急行し、図2・5の風刺画に描かれているようにしらみつぶしにゴミやほこりを洗いだした。さらに何時間もかけて家事の記録を調べ、使用人や訪問客の出入りを確認した。ソーパーの調べ方は、それまで疫学者もほとんどやったことがないほど徹底していた。食事の記録からは、ウォーレン一家がアイスクリームと薄切りにした果物を好んで食べていたことがわかった。どちらも病原菌がとりつくにはもってこいの食べものだ。さらにウォーレン一家が病気にかかったときの記録に、メアリーの名を見つけた。ソーパーが大急ぎでニューヨークに戻り、保健記録を調べてみると、なんとメアリーが料理人として働いた8つの家族のうち7つで腸チフスが発生していたのだ。全部で22人がチフスにかかり、1人が死亡していた。

ソーパーは翌年、パークアベニューのアパートメントで働いているメアリーを探しあてた。そして正式な手続きもとらずに押しかけると、死者まで出した病気を広めたとメアリーを問いつめ、その場で便、尿、血液の検体を提出するよう求めた。ところが身に覚えのないメアリーは激怒し、しわがれ声でどなりながら、ソーパーを家の外に追いだしてしまった。ソーパーはそれにもひるまず、ニューヨークの保健所に証拠を見せ、この料理人に法的措置をとるよう求めた。保健所当局からすると、ロングアイランドと同じくパークアベニューも腸チフスが発生する地域とは思えなかったが、ソーパーの正確でことこまかな記録には説得力があった。警官は力づくでメアリーをアパートメントから連れだし、伝染病治療の中心となっていたウィラード・パーカー病院に収容した。そして病院の医師によって、メアリーの便から考えられないほど多くのチフス菌が検出されたことから、「チフスのメアリー」の伝説が生まれたのだった。

ソーパーはメアリー・マローンをほとんど悪魔よばわりし、メアリーのような人物を家に雇いいれた上流階級の婦人たちも同じように非難した。そしてそうした女性すべてを、見境なく殺人者になぞらえた。１９２８年には「ニューヨークワールド」紙に、次のように語っている。「彼女は料理をすれば人を殺すことを知っていたのに、わざわざ料理人の働き口を探していた。」実際のところ、メアリー・マローン本人は、自分のせいでだれかが病気になったとは夢にも思ってもいなかった。ソーパーは「チフスのメアリー」による病気の広がりをくいとめるために、当時の常識と戦った。さらに、自ら陣頭指揮をとってニューヨーク市の下水道、上水道、ゴミ収集を徹底的に調査し、ひとりひとりが清潔に保つことと地域の衛生管理が、病原菌の広がりを防ぐ最良の方法だと訴えた。

私は１９９８年にサンフランシスコで開かれたクラフトフェスティバルの会場で、メアリー・マローンのことを思いだした。昼食を買おうと列に並びながら、カウンターの向こうでサラダを作っている若い女性を目にしたときのことだ。その女性はちょっと手があいた隙に、指で口のまわりをいじってから、歯の汚れをサッとぬぐった。そしてその手を洗わぬまま、ゴム手袋もせず、素手でボウルのなかのレタスをかきまぜ、サラダを皿に盛ったのだ。私はすぐに列を離れ、その女性に声をかけた。「あなたは今、その汚れた手で、サラダ全部にバイ菌を混ぜこんだのがわかってる？」女性はキツネにつままれたような顔で私を見てから、レタスに目を落とした。私は心のなかで、「よし、これで衛生について人に教えられたし、起こったかもしれない健康被害を未然に防げた」とつぶやいていた。

ニューヨーク市当局は１９０９年に、メアリー・マローンをイーストリバーに浮かぶ島に隔離した。

打ちひしがれながらも怒り心頭で、チフスなどとは無関係だと信じていたメアリーは、まるで見世物にされたような自分の立場を嘆いた。そこで病院から解放されると、偽名を使ってまた料理人として働きだした。今度の職場はスローン産科病院だった。１９１５年にふたたび衛生調査官によって病院の調理場にいるところを見つけられるまでのあいだに、メアリーはさらに25人をチフスに感染させていた。その後、警官によって島に連れもどされ、１９３８年に世を去っている。

チフス菌には、ほかの病原菌とは違って病原性の異なるさまざまな菌株はなく、世界中の種がほとんど変わらない。チフス菌が生き残れるのは、集団全体に病原菌を効率的にばらまく無症状の保菌者がいるからだ。それらの人が無症状のままチフス菌に感染しやすい要因は、まだはっきり解明されていない。この細菌は保菌者の胆のう、胆管、腸のなかで増殖し、ほんのわずかな糞便によって飲み水や食べものに混じって広がっていく。めったにないと思うかもしれないが、ごくふつうに起こる。私はサラダの調理人に衛生上の習慣を変えるよう説得しようとしたが、それはソーパーがマローンを納得させるのと同じくらい難しかった。だれでも、自分が菌を広めているなどと思いたくないからだ。

糞便性細菌はあらゆるところにあるのだから、細菌を中心に据えた世界観をもつのが賢明というものだろう。たとえ目には見えなくても、「見る」ようにすればいい。あやしげな食べもの、汚れた床、濁った水は、手を洗わない人と同様、細菌がそこにあると叫んでいるようなものだ。１９７０年代には、細菌を「見る」努力によって、現代の疫学でも指折りの謎めいた流行が解明された。

ジョゼフ・マクデイド

7月中旬のフィラデルフィアは汗ばむほど蒸し暑く、コンクリートからさえ臭いがしみだしているように感じられ、空気が重苦しい。1976年、フィラデルフィアのサウスブロードストリートにある開業70年の老舗ホテル、ベルヴュー・ストラトフォードに、4000人の在郷軍人が集まって盛大な年次総会が催された。その年には、近くのニュージャージー州フォートディックスで兵士がインフルエンザにかかって死亡していたことから、集まった人たちの多くが神経質になっていた。人々をなおさらピリピリさせていたのは、そのインフルエンザのウイルスが、1918年から1919年までに4000万人の命を奪った史上最悪のインフルエンザ流行時のものに似ていたことだった。在郷軍人もホテルの従業員も、いつもより注意して手を洗い、くしゃみや咳の音に用心しているように見えた。ところが、問題は別の方向からやってきた。

ベルヴュー・ストラトフォード・ホテルの空調設備では、結露でいつも湿った送風管の内側に、厚いバイオフィルムができあがっていた。そこでは原生動物の仲間のアメーバが、生きるために必要な湿り気に集まり、バイオフィルムを餌に増殖していた。そしてそのアメーバの内側に隠れて、まだほとんどの微生物学者が存在さえ知らなかった細菌が生きていた。バイオフィルムのせいで、ホテル内の冷気の吹き出し口からは、微生物がいっぱい混じった微小な水滴が飛びちりはじめた。

病原菌で汚れた空気を吸っているなど、もちろんだれひとり気づいてはいなかった。だがホテルに宿泊していればもちろん、建物の開いているドアからフラリと入って通りぬけただけでも、咳こんで衰弱し、筋肉痛、頭痛、下痢を訴える人たちが続出する。おそろしいインフルエンザのウイルスが戻ってきたにちがいないと、ほとんどパニック状態になり、共産主義者のせいにする声まで出る始末だった。議会は緊急のワクチン接種を決めたが、この不可解な病気の大発生にほとんど打つ手もないまま、年の暮れを迎えることになった。

米疾病管理予防センター（CDC）のジョゼフ・マクデイドは、クリスマス休暇中も顕微鏡を覗きこんで、ホテルの宿泊客から採取した血液サンプルにリケッチア属の細菌が混じっていないかと探していた。リケッチアはヒトの細胞などの別の細胞内だけにいるので、見のがしやすい。ショボついた目をこすりながらクリスマスパーティーに出かけてはみたものの、マクデイドにとっては職場のパーティーより細菌のほうが気になった。そこで研究室に戻ると、また在郷軍人たちのサンプルを調べはじめた。明け方近くになって、ようやく白血球のなかに一群の桿菌が見えた。ところがそれらはリケッチアのように長さが1マイクロメートルほどのずんぐりした棒状ではなく、ずっと細長く、10マイクロメートル以上もある棒状の菌だった。

このときマクデイドは、在郷軍人病菌と呼ばれる新種の細菌、レジオネラ・ニューモフィラ（*Legionella pneumophila*）を発見していた。（レジオネラ属は、在郷軍人Legionnaireの名をとったもの。）CDCがこの細菌の病原性を明らかにし、肺に侵入してから、血流に乗ることがわかった。免疫系は、細菌などの感染体をやっつける特別な目的のためにマクロファージと呼ばれる細胞を放出するが、リケッチアと同様にレジオネラも「ステルス（よく見えずに検出が困難な）病原体」で、在郷軍人病菌はマクロファージの内部に入りこみ、ファージの細胞質で増殖する。新しい世代の細胞はそこからあふれだして、感染サイクルをつづけていく。微生物学者たちはそれより何年も前に、在郷軍人病菌とよく似た細菌を見つけていたのだが、生育条件に制約が多すぎ、実験室で研究することがほとんど不可能だった。

臨床微生物学者は、リケッチアとレジオネラのほかにもいくつかある「ステルス病原体」に取り組んでいる。食べものが媒介するリステリア・モノサイトゲネス（*Listeria monocytogenes*）、フレクスナー赤痢菌（*Shigella flexneri*）、サルモネラ・エンテリカ（*Salmonella enterica*）のほかに、マイコプラズマ属もある。リステリア・モノサイトゲネスは、消化管の内側を覆っている上皮細胞に侵入する性質をもっていて、血流に乗れば、血液脳関門を乗りこえられる数少ない細菌のひとつだ。そのため、この菌に感染したリステリア症が重くなると、中枢神経系が侵されることもある。サルモネラ菌と赤痢菌は、ふつうは消化器官内にとどまっている。

最前線で

タタール人が奇妙な細菌兵器を使う前から、微生物は戦争にかかわってきた。抗生物質が登場するまでのあいだ、戦場で負った軽い負傷が、戦死の原因のおよそ半分を占めていた。わずかな食糧と寝不足、精神的なストレスによって、兵士たちが感染と戦う力は奪われる。細菌がついた傷をきちんと治療しなかったために、病原体が血流に入りこんで増殖し――この状態は敗血症と呼ばれる――重要な器官に感染していくこともあった。病原菌のなかには、傷口に残り、そこで深刻な感染を起こすものもある。皮膚がひどく傷つくと、組織のあいだに酸素の届かない空間ができ、ガス壊疽を引きおこすウェルシュ菌のような嫌気性細菌が増えてしまう。第二次世界大戦の前までは、ちょっとしたかすり傷でも、土がこびりついたまま何の手当てもせずに放っておけば切断や死の危険をはらんでいた。細菌のもつ毒性因子が、感染のプロセスを押しすすめていく。なかには、たとえばマイコプラズマ属のように、ひとつだけのアプローチに頼っている細菌もある。マイコプラズマは、体細胞にとって有毒な過酸化水素とアンモニアを作りだす。これらふたつの化合物によって気道内を覆う細胞を傷めつけてから、マイコプラズマが肺の組織に入りこむ手筈だ。それに対して黄色ブドウ球菌は、次のようにずらりと並んだ武器を用意している。


コアグラーゼ（凝固酵素）　傷のまわりの血を固め、細菌をからだの免疫による防御から守る。

ヌクレアーゼ（核酸分解酵素）　傷のなかの滲出液を分解して、細菌を動きやすくする。

ヘモリジン（溶血素）　赤血球を破壊して、貧血を起こさせるとともに、からだの防御を弱める。

ヒアルロニダーゼ（ヒアルロン酸分解酵素）　ヒトの細胞と細胞を結びつけている物質を分解して、からだじゅうで病原体を通りやすくする。

プロテインA　からだの抗体を結合させ、不活性の状態にする。

ストレプトキナーゼ　血液凝固を阻止する一連の働きを引きおこして、血が固まった部分から細菌が逃れられるようにする。


第一次世界大戦がはじまる何年か前に、正しい医療を提唱したふたりの偉大な人物が世を去った。

そのひとり、イギリスの看護師フローレンス・ナイチンゲールは、戦場での負傷者の治療の改革を呼びかけたことで知られている。クリミア戦争で奉仕活動をし、戦地の病院で発生していた病気や、粗末な食べもの、不衛生な実態を本国に報告した。1858年には1000ページにのぼる報告書をまとめ、イギリス陸軍は治療すれば治る傷を負った兵士を無駄に失っていたことを、上司に納得させた。イギリスではそれと同じ時代に外科医のジョゼフ・リスターが、外科手術は無菌状態で行なわなければならないこと、傷口も消毒する必要があることを説いた。リスターが消毒薬として利用したのは石炭酸だったが、数年後にはもっと刺激の弱い消毒薬が使われるようになった。

1914年に第一次世界大戦がはじまった当時、無菌状態や消毒薬はまだ新しい考え方だった。外科医のなかには患者の皮膚に薬品をつけたがらない者もいたし、はじめはだれもが消毒薬を使うことに抵抗を示していた。だがまもなく、感染から身を守る第二の、さらに画期的な方法が明らかになる。微生物学者のフェリックス・デレルはそれより前に、細菌を感染させてイナゴの大発生を防ぐ方法を研究したことがあった。そこでデレルは、それと同じように病気を引きおこす細菌を攻撃するものがあれば、感染症と戦うことができるのではないかと考えた。一部の微生物学者が、細菌培養物のなかで、ほかの細菌に感染して殺してしまう物質を発見したことも知っていた。その物質が何かはほとんどわからないまま、デレルはそのような状態が起きている培養物から液体を集めはじめる。1917年までには、独自の「敵対微生物」を患者に注射して、数百人という赤痢患者を治療していた。1939年に電子顕微鏡が使われるようになるまで、細菌だけに感染するウイルスであるバクテリオファージのことは、わからないままだった。ファージ療法と呼ばれたこの治療法は、10年あまりのちには抗生物質にとってかわられてしまうが、短い期間ながら特効薬の役割を果たした。

戦争によって家庭生活が破壊され、大規模な難民の移動が起こったために、公衆衛生も個人の衛生状態も保たれなくなった。第一次世界大戦中には、ヒトジラミにたかられずに済む者など皆無と言ってもよかった。シラミは発疹チフス・リケッチア（*Rickettsia prowazekii*）を運んだ。この細菌はほかの細胞の内部に寄生して増殖し、ウイルスに似たふるまいを見せる。シラミは、発疹チフスに感染した人間を刺したときに、この細菌を体内に取りこみ、6日間の潜伏期間ののち、別の人間に感染させる力をもつ。ノミが人を咬んで広がるペストとは異なり、発疹チフスの場合は、シラミが人の皮膚に糞をつけ、細菌が傷口から体内に入って感染する。

発疹チフスはやがてヨーロッパ全土に広がり、黒死病に次いで史上第二の死者数を出す伝染病の流行となった。セルビアでは人口の20パーセントが発疹チフスにかかり、その60パーセントから70パーセントが命を落とした。オーストリア、バルカン諸国、ロシア、ギリシャでは、病気のあまりの勢いを見て中央同盟国が軍の壊滅をおそれ、作戦の一部を遅らせたほどだ。戦争が終わるまでに、ロシアでは4年にわたる流行によって、発疹チフスにかかった2000万人の国民の半数が死亡している。

第二次世界大戦のはじまりにポーランドに侵攻したドイツ軍兵士の多くには、発疹チフスの流行がまだ記憶に残っていた。占領が3年目に入ったとき、ポーランドの医師ユージン・ラゾフスキとスタニスラフ・マトゥレヴィチは、大虐殺や国外への収容所送りを阻止する方法を考えつく。ふたりの医師は、プロテウス菌OX19株という細菌が、からだの免疫系にとっては発疹チフス・リケッチアと同じように見えることを知っていた。そこでロズヴァドフの町の健康な住民たちに、殺したOX19の細胞を注射しはじめた。この模造ワクチンは、発疹チフスの細菌に対する抗体を作る。ラゾフスキとマトゥレヴィチは、ニセの発疹チフス流行を生みだしたのだ。

ドイツ軍は、そこだけで起こった流行を疑わしく思ったにちがいない。1942年にはドイツの医療チームが調査のためにロズヴァドフに到着したが、チームの医師たちは感染を恐れるあまり身体検査を省略し、血液のサンプルだけをとって大急ぎでベルリンに戻って行った。そしてサンプルからほんとうに抗体が検出されたので、ドイツ軍は発疹チフスに汚染されたロズヴァドフには近づかないことに決めた。この人為的な発疹チフスの流行は、およそ8000人の命を救い、その多くはユダヤ人だった。

人間と病原菌は、勝ったり負けたりを繰りかえしてきた。ペストや梅毒の大流行のように、ときには細菌が勝利する。デレルのファージ療法のように、ときには人間の策略が勝利する。しかし、いったい人間はほんとうに細菌に勝っているのだろうか？　ひとりの内気な微生物学者が「奇跡の薬」ペニシリンを発見して、「魔法の弾丸」を追い求める努力に決着がついたときには、たしかにそんなふうに思えたのだが。

3 「人間が病原菌に勝った！」（ただし長くはつづかない）

細菌の場合、1億個の正常な細胞に対して1個の割合で、突然変異した細胞があらわれる。細菌のなかには20分に1回ずつ分裂するという猛烈なスピードで増殖できるものもあるから、文字どおりひと晩のうちに、突然変異による新たな株の個体群が生まれる計算だ。ほとんどの突然変異では、細胞にとって目に見えるほどの強みや弱みは生じない。不利な突然変異なら別の微生物や環境から傷を受けやすくなり、その細胞と遺伝子は永久に消えてなくなる。ただ、突然変異によってまれに、その細菌がほかのものより有利になる特徴（形質）が備わることがある。

たいていの人は生物の授業で、有利な突然変異は偶然でのみ生じると覚えただろう。「適者生存」は計画によるのではなく、幸運のたまものだ。細菌のＤＮＡに偶然の突然変異が起こって、ひとつの遺伝子にほんの少しの無作為な変化が加わり、この変化した遺伝子のおかげでその細胞は仲間より速く育つ、速く泳ぐ、たくさんの栄養素を吸収する、熱に耐える、などの能力を手にする。この特別な細胞が二分裂すれば、仲間よりすぐれた特徴をもつまったく同じ細胞が2個に増え、それが何度も繰りかえされると、やがて新しい遺伝子は進化した新しい集団の一部になる。

1988年、ジョン・ケアンズは、この無作為という概念を覆す策略を大腸菌で見つけたと発表した。ケアンズの大腸菌は適応的な突然変異を利用し、それは特殊な突然変異誘発遺伝子（ミューテーター遺伝子）が環境で刺激を検知したときに起こるとしたのだ。突然変異誘発遺伝子は、細胞が突然変異を起こすスピードを上げる。この場合は、大腸菌の4377個の遺伝子のひとつが有利な方向に突然変異する確率を高める。今のところ、大腸菌には30以上の突然変異誘発遺伝子が見つかっていて、緑膿菌（*Pseudomonas aeruginosa*）にも同様の遺伝子がある――緑膿菌は水まわりに多い細菌で、やけどの傷や、体内に入る医療器具（静脈チューブやカテーテルなど）に付着することが多い。細菌は、突然変異する時期と方法を選んでいるのだろうか？　もしそうなら、かつてはＳＦでしかお目にかかれなかった場面が、現実のものとなるかもしれない。

抗生物質ってどんなもの？

抗生物質には、ほんとうの抗生物質とバクテリオシンのふたつのグループがある。ほんとうの抗生物質は微生物によって、別の無関係の微生物を殺すために作られる。アオカビ属（ペニシリウム属）のカビが、自分のテリトリーをおびやかすほど近づいた細菌を殺すために、抗生物質のペニシリンを生みだすのがその例だ。もう一方のバクテリオシンは、細菌によって別の細菌を殺すために作られる。たとえば大腸菌は、腸内細菌科の大腸菌の仲間を殺すバクテリオシン、コリシンを産生する。バクテリオシンのなかには、場所や食べもの、光や水をめぐる競争を減らすことだけを目的として、まったく同じ種の別の菌株を殺すものもある。

ほかの細菌を徹底的に殺してしまうものは、殺菌性抗生物質と呼ばれる。それより弱く、ただほかの細菌の成長を遅らせるだけのものは、静菌性抗生物質と呼ばれる。ペニシリンは、相手の細菌にしっかりした細胞壁を作らせないようにし、その細菌が周辺の毒性物質に負けて死ぬように仕向けるので、殺菌性だ。それに対してテトラサイクリンは、タンパク質の合成を妨げるだけで、必ずしも細胞を殺してしまうとは限らない。それらの細胞は代わりの合成経路に切りかえるかもしれないが、それによって増殖の速度が落ちるから、テトラサイクリンはその役割を果たしたことになる。図3・1は、さまざまな抗生物質に対する細菌の感受性を判断するための、簡単な実験室での試験を示したものだ。

抗生物質の構造には、いくつかの炭素と水素のほかに炭素環や分岐も含まれていて、分子の構造が複雑に見える。細菌の酵素が抗生物質を見分けて傷つけるのを少しでも難しくするために、自然は入り組んだ構造を作りあげたのだろう。ところが人間が自然の計画に手出しをし、抗生物質を使う量をどんどん増やしてきたから、細菌が抗生物質にさらされる頻度が高くなってしまった。ペニシリンがはじめて商業的に利用されてから20年後に、抗生物質が効かない「抗生物質耐性菌」が出現した。今では、表3・1に示した天然抗生物質のすべてに耐性菌が見つかっている。化学者たちは病原性のある細菌の裏をかいてやろうと、さらに複雑な新しい抗生物質を人工的に合成することによって、細菌

産生する微生物	産生される抗生物質
カビ	
アクレモニウム属	セファロチン
アオカビ属（ペニシリウム属）	グリセオフルビンおよびペニシリン
細菌	
バチルス属	バシトラシンおよびポリミキシン
ミクロモノスポラ属	ゲンタマイシン
ストレプトマイセス属	アンフォテリシンB クロラムフェニコール エリスロマイシン ネオマイシン ストレプトマイシン テトラサイクリン

表3・1　おもな天然抗細菌性抗生物質

の先を行く努力をつづけている。

アメリカ合衆国では、1年間に2万5000トンの抗生物質が生産されている。薬のほとんどは人間の医療用と農業用だ。農業用の70パーセントは、家畜の成長速度を高めるとともに、工場式畜産で感染症の広がりを防ぐために、食肉用のウシ、ブタ、ヒツジ、ヤギ、家禽（ニワトリ、カモ、七面鳥など）に与えられている。残りは、イヌ、ネコ、ウマ、その他の家畜、毛皮をとるための動物、魚、植物、樹木などに利用されている。

食肉の生産者は、飼育している動物にひっきりなしに抗生物質を与えていることで、厳しい非難を浴びてきた。私が大学で畜産学の勉強をはじめたころには、食肉用の動物に抗生物質を使うのは有益だと、ごく当たり前に考えられていた。健康なウシにもブタにも家禽にも、体重が増える期待のほかには特に理由もないまま、治療目的の場合より少ない量の複数の薬が与えられた。このようなやりかたに対して疑問の声が高まったために、研究者は抗生物質を与えられている健康な動物の消化管を、反芻動物とそうでない動物の両方で調べてみた。その結果、抗生物質に耐性をもった細菌が見つかったが、抗生物質の投与によって耐性ができたことを証明するのは難しい。

畜産業者は長年にわたり、食肉生産の効率を上げるために抗生物質は必要だと主張している。食肉用の動物たちは、生まれてから処理場に送られるまでずっと、ひどく狭苦しい場所で暮らすので（「工場式畜産」という呼び名の由来はここにある）、病気が蔓延しないようにと薬が与えられるのだ。工場式畜産では、窮屈なところに詰めこまれて一生を送る動物にストレスが加わり、ストレスは免疫を

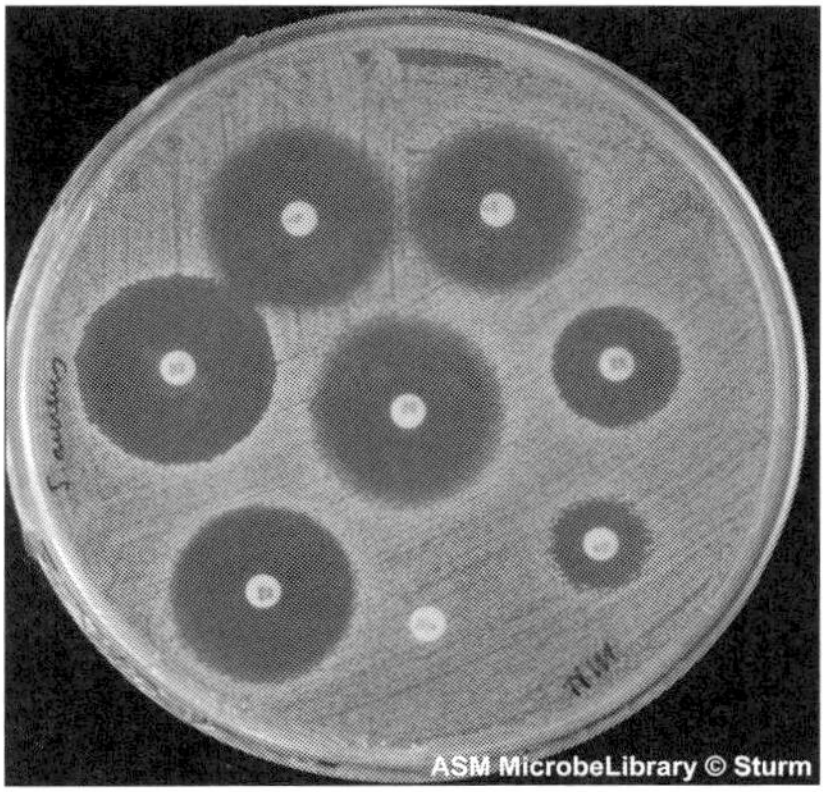

図３・１　カービー＝バウアー法による抗生物質の感受性試験。異なる抗生物質を含ませた小さいペーパーディスクが、細菌に対してそれぞれ異なるレベルの抑制力を示している。この試験は、カビの胞子が抗生物質を生みだして細菌を殺すというアレクサンダー・フレミングの発見をもとにしている。（アメリカ微生物学会の許可を得て転載。MicrobeLibrary（http://www.microbelibrary.org））

低下させる。さらに、暮らしている動物の密度が高いから、感染のリスクも高まる。工場式畜産を支える論理と家畜に抗生物質を与えるやりかたは、合理的とはいえず、どちらもやめるほうが賢明ではないだろうか。

農業界の言い分は、効率的な大量生産方式の畜産によって、食品の値段を安く保てるというものだ。研究者たちは、抗生物質を与えられた動物では、腸内細菌の構成比率が変化していることを突きとめた。ところが、細菌数の変化と家畜がより速く成長することの関係を見極めるのは、もっと難しい。

大規模農業は、抗生物質を利用する方法をきちんと公表していないから、消費者は自分が買う肉に抗生物質が含まれているとしても、それがどんなものかはなかなかわからないだろう。

食肉用の動物に治療レベルに満たない量の抗生物質を与えることで、環境にどんな影響があるかは、まだほとんどわかっていない状態だ。ただし、ふたつの成り行きが考えられる。第一に、糞尿といっしょに排泄された抗生物質耐性菌が環境に入り、生態系に害をおよぼす。第二に、生焼けの肉や半熟卵を食べた人には、耐性菌が体内に入る確率が高くなる。食べものは無菌ではなく、調理をしても病原菌がまったくなくなるという保証はない――調理によって、細菌の数がより安全なレベルまで減るにすぎない。私たちは毎日毎日あちこちで病原菌を取りこんでいるのだが、細菌の数が病気を引きおこすほど多くないので、なんともないだけだ。それと同時に、少数であれば病原菌にさらされても、住みついている常在細菌と備わっている免疫系がからだを守ってくれている。

欧州連合（ＥＵ）とカナダは食肉用動物に対する抗生物質の使用を禁止している。また世界保健機関（ＷＨＯ）は、農業での抗生物質の使用に懸念を表明している。だがアメリカ合衆国では抗生物質の使用がつづいていて、食肉を生産している州はいまだに、肉の抗生物質が人間の薬剤耐性を引きおこすことを証明する明らかな証拠はないと主張している。明らかな証拠を見つけることは、科学ののどの分野でもとても難しいから、消費者は肉製品の安全性を自分で判断して選ぶしかない。

糞尿の山を通過して流れる水に混じった抗生物質は、農場から出て地表水に入っていく。完璧な世界であれば、廃水は環境を汚すことなく、排水処理施設に送られるだろう。でもそれは、アメリカだけを見ても、毎日出る糞尿の量から考えて非現実的な話だ。排水処理施設と飲料水の殺菌では、抗生物質を完全には排除できない。２００５年にはウィスコンシン大学の研究者が、処理済みの廃水から6種類の抗生物質を検出した。

テトラサイクリン　皮膚、尿路の感染症、一部の性感染症の治療に使用。
トリメトプリム　子どもの耳の感染症、尿路感染症の治療に使用。
スルファメトキサゾール　トリメトプリムとの組みあわせで、耳、気管支、尿路の感染症の治療に使用。
エリスロマイシン　呼吸器感染症の治療に使用。
シプロフロキサシン　下部呼吸器、尿路、その他の感染症の治療に使用。
スルファメタジン　動物の呼吸器その他の感染症の治療に使用。

すべての地域の処理水が危険だとか、水のなかの抗生物質が必ず有害だと言っているわけではない。

しかも、ここにあげた研究で検出された薬剤は10億分の1レベル、つまり3メートルほどのサイロいっぱいに詰まったトウモロコシのなかの1粒に等しい。

年ごとに環境に加わっていく抗生薬は、生態系に影響をおよぼしているわけだが、科学者はまだその実態をすべて把握してはいない。だから一般の人々にも知るすべはない。それでも、病気のウマに注射された抗生物質が、遠く離れたところでコップに注がれた水道水やおいしそうなカキ料理に行きついていることを想像してほしい。

はじめて抗生物質が実用化されたとき、それは人々の健康にとって即効性のある絶大な効果を発揮し、困ったことになると予想する人などほとんどいなかった。ところがやがて問題が起き、しかも最初に思いもよらないところで警鐘が鳴った。残念なことに、世界は抗生物質への耐性を知らせるメッセージを聞きのがし、気づいたときには手遅れになっていた。

薬を生みだす苦難の道

23歳の医学生がパスツール研究所に提出した卒業論文で、細菌感染との戦いに役立つかもしれない新薬の可能性に触れたのは、1897年のことだった。その論文は、アオカビ属のカビがペトリ皿のなかで大腸菌を殺したこと、また生きたチフス菌を注射された実験動物を治したことを明らかにしていた。だが論文を審査した教授陣はアーネスト・デュシェーヌが書いたこの論文を平凡だとみなし、デュシェーヌに学位は与えたものの、科学界で研究者として働く道を勧めることはなかった。デュシエーヌはフランス軍への入隊を決めて、研究所を去るときには実験ノートをすべて捨ててしまい、論文は研究所の片隅にまぎれたままになった。

第一次世界大戦では、それまでの数多くの戦争と同じように、戦場でかかった感染症によって何百万もの命が失われた。しかもその多くは、ささいな負傷によるものだった。前線では看護師たちが、配給された漂白剤を少しでも長持ちさせようと、病原菌に対して効果がなくなるほど薄めて使っていた。この大戦の1000万人にのぼる死者のうち、約半数の死因は感染症だ。デュシェーヌには、自ら発見した感染症治療薬の世界を人々に知らせる機会はやってこなかった。フランス軍に加わってまもなく結核を病み、1912年に37歳の若さで世を去っている。

ドイツではそれより前から、別の細菌学者が独自に「魔法の弾丸」——患者に害を与えることなく病原菌を殺す特効薬——を探す研究をはじめていた。パウル・エールリヒは、患者に有害な副作用を引きおこさずにさまざまな病原菌を殺す薬を見つけようと、605種類の異なる物質の試験を終えた。そして次に、ヒ素が含まれた化合物、サルバルサンを試すと、梅毒の原因菌であるトレポネーマ属の増殖を抑えることがわかった。606番目に試験されたこの前途有望な新薬は、「化合物606号」と呼ばれるようになる。こうして初の化学療法剤であるサルバルサンが発見されるまで、西洋医学が頼っていたのは、スペイン人が征服した南アメリカで学んだ抗菌性の物質だった。ペルーの先住民ケチュア族は、古くからキナの木の皮のエキスをマラリア熱の治療に使っており、17世紀の中ごろにイエズス会の宣教師が、これを「ペルー人の粉」と呼んでヨーロッパにもたらした。のちにキニーネと名づけられるこの物質は、はじめ医療界から白い目で見られたが、マラリアにかかったイングランド王チャールズ2世がこの薬で治ってから、広く認められるようになった。だが新しい薬の出現で、医師も生物学者も化学者も、自然界に隠された治療効果のある化合物をもっと見つけようと活気づいた。化学者たちはすぐ、「博士606号」とあだ名をつけたエールリヒをまねて、細菌に対抗する何百もの合成化合物を試験した。ところが1900年代はじめには、化学会社はまだ薬品の研究をほとんどしていなかったから、蓄えていた化学薬品といえば、糸が細菌によって変質しないよう保護する繊維用染料くらいのものだった。そうした化合物は実験室で培養している細菌で試験しても、細菌に対する効果が見つからなかったばかりか、ほとんどは癌を誘発することが後年わかっている。エールリヒは結局、ひとつの薬であらゆる感染症に効くという特効薬を見つける夢を果たすことはできなかった。

デュシェーヌが世を去ってから16年後、スコットランドの微生物学者アレクサンダー（アレックス）・フレミングは、ロンドンのセント・メアリーズ病院にある実験室で短い夏休みをとる準備をした。歴史家はこれにつづく物語をうまく作りあげている。フレミングはひたむきな科学者としてだけでなく、片付け下手としても定評があり、実験室にいくつものペトリ皿や試験管、ビーカーを、乱雑に置いたまま出かけてしまった――たしかに雑菌が混入（コンタミネーション）して当然の状況だったにちがいない。休暇中、ブドウ球菌を培養していたペトリ皿に、飛んできたカビの胞子が入りこんだ。休暇を終えて実験室に戻り、そのペトリ皿を目にしたフレミングは、一面に増殖したブドウ球菌のコロニーがカビ胞子の周囲だけ透明になっていることに気づく。そしてそのカビが細菌をやっつけたと結論づけた。カビがどこからやってきたかはだれにもわからないが、おそらく下の階から浮遊したのだろう。階下にあった菌類学者C・J・ラ・トゥーシュの実験室では、カビが山ほど育っていたのだから。フレミングの散らかし癖のおかげで、胞子が着地して育つ場所はいくらでもあった。

アレクサンダー・フレミングが歴史に名を残した背景には、幾重にも連なった幸運があった。まず初秋の気温は、細菌が増殖するのには十分に暖かく、かつアオカビが入りこんで育つには十分に涼しかった。ブドウ球菌は体温を好み、カビは室温を好む。またフレミングはその前からブドウ球菌の研究に取り組んでいたが、ブドウ球菌は特にアオカビの作用を受けやすい。さらに最も幸運な偶然は、以前フレミングの助手をしていたマーリン・プライス博士が、挨拶をしようと実験室に立ちよったことかもしれない。培養されていたさまざまな菌のなかから、アオカビが入りこんだブドウ球菌のペトリ皿を見つけたのは、プライス博士だった。

ほかの人なら例外的状況で終わらせてしまいそうな変わった出来事を見すごさずに調べたのが、フレミングの大きな功績だ。そのときからアオカビの研究をつづけた。カビの胞子が細菌膜の上に落ちて、細菌を溶解させたのではないかと推定していた。アオカビが若い成長途上の細菌を狙うと微生物学者たちが知るのは、まだ先のことだ。カビの胞子はおそらくフレミングが休暇に出かける前から、培養していたブドウ球菌に混入していたのだろう。

フレミングはその結果を1929年に発表し、ペニシリンと名づけた新しい物質について講義を行なった。ところが極端に内気な性格から、フレミングはこの胸躍るような発見をひどく退屈な話ですませてしまい、それを聞いた同僚たちは特に強い印象を受けることなく終わってしまった。セント・メアリーズ病院の仲間のひとりで病理学者のアルムロス・ライトは、あからさまにフレミングの研究をけなしている。当のフレミングは研究室に引きこもり、すでに人の涙から発見していたリゾチームという新しい化合物の研究に没頭していった。（現代の生物学者たちがリゾチームについて知っていることの大半は、フレミングが明らかにしたものだ。この酵素は、皮膚や目に近い場所にある病原菌に対して、最前線の防衛手段として役立っている。フレミングによるこの重要な発見は、その後ペニシリンの研究が脚光を浴びたために、すっかり影が薄くなってしまう。）

１９３９年にイギリスが第二次世界大戦に加わったとき、ドイツではもう細菌学者ゲルハルト・ドーマクによってサルファ剤（合成抗菌剤）が発見されていた。イギリスの医師たちは、ドイツ軍兵士の傷の手当てに使われていたこの薬の効力を目の当たりにしたが、残念なことに自分たちの研究室に同じような薬はなかった。それより前の１９３８年に、オックスフォード大学の病理学者ハワード・フローリーが、ドイツから亡命してきたエルンスト・チェーンとチームを組み、イギリスのために感染症治療薬を見つける取り組みを開始していた。チェーンが、１９２９年に発表されたブドウ球菌に対するカビの効力に関するフレミングの論文を探しだしたとき、ふたりにはそれがダイヤモンドの原石のように思えた。そこでフローリーとチェーンはカビからペニシリンを抽出し、精製して実用的な量まで増やそうと、時間のかかる退屈な作業を開始する。一方ロンドンでは、フレミングがペニシリンの実験とリゾチームの研究を交互につづけていた。フレミングはロンドン大空襲のあいだも手を休めることなく、ペニシリンの影響を受ける細菌を次々に見つけ、ペニシリンがよく効く細菌と穏やかに効く細菌を区別できる独創的な試験法を完成させている。

１９４０年の後半に、フローリーとチェーンは医学雑誌にアオカビ属の抽出物に関する簡単な論文を発表した。そこには、ガス壊疽の原因となるクロストリジウム属の細菌を殺す力が、ドーマクの発見したサルファ剤の数百倍もあると書かれていた。「ロンドンタイムズ」紙がこの論文を取りあげたのは１９４２年の８月になってからで、しかも記事は科学者の名前に触れていない。すると13年前にはフレミングを激しく非難したアルムロス・ライトが、この機会を逃さず利用する。タイムズ紙に手紙を書いて、ペニシリンの発見者がアレクサンダー・フレミングだと知らせたうえ、特にセント・メアリーズ病院の功績を大きく伝えたのだ。「教授の偉大なる治療薬発見」、「カビの生えたチーズが起こした奇跡」、「スコットランド人教授の発見」といった見出しが紙面を飾るようになり、それとともにセント・メアリーズ病院は、ロンドンのほかの病院がうらやむほどに知名度を上げた。（寄付金の金額も増えた。）

フローリーとチェーンの名は依然として人々に知られていなかったが、フレミングと科学者たちは必死でペニシリンの生産量を増やす努力をつづけた。精製されたペニシリンを大量に作るコツをなかなかつかめずにいたフレミングは、連鎖球菌の重い感染症に苦しんでいた友人ハリー・ランバートの治療に、薬の一部を分けてもらえないかとフローリーに頼んでいる。フローリーは手持ちの純粋なペニシリンすべてをたずさえてロンドンに駆けつけ、フレミングに注射の方法を教えた。フレミングはフローリーの指示どおりにはできなかったが、それでもランバートを死の淵から救いだすことができた。

これを聞いただれもが新しい薬について知りたいと思い、フレミングは人々に希望を与えるニュースを伝える義務感にかられたのだろう。ペニシリンは必ずイギリス軍兵士の命を救うことができると言外にほのめかした。だが事態をよくわかっていたのはフローリーのほうだった。イギリスはすでに生産力の限界に達していた。フローリーの考えでは、フレミングとセント・メアリーズ病院は見せかけの期待をもとに注目と寄付金を集めていたにすぎない。相次ぐ空襲のなか、フローリーと同僚のノーマン・ヒートリーはペニシリンの需要に少しでも応えようと、壺や瓶、果ては病人用便器まで、使えそうな容器という容器を手当たり次第にかき集めていたのだった。ふたりは１９４１年に、人気を博していたパンナム航空の大西洋横断飛行艇「ディキシークリッパー」のチケットを手に入れる。フローリーは手にした書類カバンに、培養したカビと純粋なペニシリンの小瓶いくつかを詰めこみ、アメリカの大手製薬会社からペニシリン大量生産の協力を得たいと考えていた――アメリカでは、メルク、ファイザー、E・R・スクイブ、レダリー研究所を訪れた。イギリス版の大量生産は、１９４２年後半になっても、アオカビ属からの抽出物をバスタブに集め、搾乳装置を使って精製するようなありさまだった。

フローリーが探っていたペニシリン製造への道は、アメリカに渡った翌年、イエール大学の医学研究者ジョン・フルトンを訪問していたときに、突然大きく開けることになる。フローリーはそこで、アン・ミラーという地元の女性が危篤状態で、治療が不可能な連鎖球菌の感染症にかかっているらしいことを聞く。フルトンは、フローリーが前の年に訪問したニュージャージー州のメルク社から、ほんの数グラムのペニシリンをなんとか手に入れていた。１９４２年3月のある寒い日の午後3時30分、40℃を超える熱で死を待つばかりだったミラーに、最初のペニシリンが注射された。すると翌朝の4時には、体温が平熱に戻っていた。目を見張るばかりのミラーの回復には、フルトンさえも衝撃を受けたという。体温のグラフなど、入院中の医療記録が保存されており、現在はスミソニアン協会に所蔵されている。それから戦争終結までに、アメリカの製薬会社は年間およそ15キログラムのペニシリンを製造するようになり、毎月25万人の患者を治療することができた。

フローリーとチェーンとともに1945年のノーベル医学・生理学賞を受賞したフレミングは、その受賞講演で、抗生物質の未来について述べている。ほんとうに病気にかかった人も、病気だとみなされた人も、だれでもペニシリン注射を受けられる時代が来ることに思いを馳せていたのかもしれない。そして、「無知な人が不十分な量の薬ですませるようなことがあれば、殺されるに至らない量の薬にさらされた細菌は耐性を得るだろう」と警告した。フレミングは、耐性菌が家族に、そしてやがて地域全体に広がっていく筋書きを想定したのだ。だが12月のその日、人々の想像力をかきたてたのは耐性菌という遠い未来の奇妙な出来事ではなく、ペニシリン発見の華々しい物語のほうだった。

突然変異戦争

抗生物質の使いすぎや誤った使い方に対するフレミングの不安は、まもなく現実のものとなる。医師たちは、たいしたこともない傷や、頭痛、風邪、インフルエンザなどの軽い病気にも、抗生物質を処方しはじめた。薬の乱用を心配していた慧眼の医師さえ、体調の悪い患者からしつこく迫られて、仕方なく処方することもあった。風邪やインフルエンザなどウイルスが引きおこす病気には抗生物質が効かないことを、患者は知らなかったか、気にしていなかったにちがいない。

1960年代になると、もっとよく研究するために抗生物質を慎重に使うどころか、農業界は抗生物質の利用にさらに力を入れるようになった。想定される病気を抑制するだけでなく、家畜や家禽を市場に送りだす前に少しでも太らせようとしたのだ。耐性菌が、病院以外にもあちこちで見つかりはじめた。細菌学者が人の消化管、皮膚、口、あるいは自然界の水や土から細菌の試料をとると、複数の耐性種が見つかる確率が高くなった。今では、抗生物質耐性菌は台所の調理台にも、スポーツジムの器具にも、ロッカールームにもいる。2003年にはフランツ・ラインターラーが、廃水処理のすべての段階で抗生物質耐性の大腸菌が見つかり、検査した菌株の大半は複数の抗生物質に耐性をもっていることを明らかにした。細菌の世界は抗生物質でほとんど飽和状態になり、その結果として、抗生物質耐性菌で飽和状態になってしまった。

細菌の適応能力はずば抜けている。細菌は、染色体の大きいDNA分子のなかだけでなく、細胞質内にあって染色体とは別のプラスミドと呼ばれる小さい環状のDNAにも、抗生物質への耐性を発揮する遺伝子をもっている。耐性遺伝子によって細胞が手にする、抗生物質の攻略方法には、次の5通りがある。(1)抗生物質をこまかく切りきざむ、(2)薬がいつも入ってくる入口を変えて、細胞への抗生物質の侵入を防ぐ、(3)抗生物質が細胞に侵入してきたら、すぐポンプのように外に汲みだす、(4)薬が細胞内部に与えた傷を修復する、(5)抗生物質が損傷を与える効果を減らすように代謝を変更する。つまり細菌は、少なくとも抗生物質が作用する仕組みと同じ数だけ、抗生物質に対抗する作戦を備えている。

1940年代と1950年代に使われはじめたペニシリンやサルファ剤などの新しい抗生物質によ

って、ときには奇跡的な回復が見られた。症状のとても重い患者を治療する医師は、そもそもの感染がウイルスによるものだとわかっていても、二次感染の細菌を殺すのに役立つかもしれないと考え、細菌性でない病気に抗生物質を試してみたい気持ちにかられることもあった。抗生物質の効果が薄れはじめたことに気づけば、ただ別の新しい抗生物質を処方すればよかった。ひとりの患者に2種類の薬を同時に投与することもあった。ふたつの抗生物質をいっしょに使うと、しばらくは細菌を抑えられたが、このやりかたでは問題も生じた。手当たりしだいにふたつを組みあわせられるわけではないし、ふたつならひとつだけよりよく効くとも限らない。なかには同時に使われた薬の働きを弱めてしまうものもある。ストレプトマイシンはクロラムフェニコールの活動を妨げ、エリスロマイシンはペニシリンの働きの邪魔をする。たとえば、テトラサイクリンがブドウ球菌をやっつけられるのは、成熟した細胞でのタンパク質の合成を阻害するからだ。ところがペニシリンが細胞壁に対して効き目を発揮するためには、新しく成長している細胞が必要になる。テトラサイクリンは細菌の成長を遅らせることによって、ペニシリンの作用機構を無力化してしまう。

複数の抗生物質の使用によって、たとえ正しい組みあわせだったとしても、細菌に多剤耐性が生まれた。今では、同時にたくさんの抗生物質の働きを逃れる細菌がある。自然界では古くから、細菌は同時にいくつもの抗生物質やバクテリオシンにさらされてきたのだから、これは特に並外れた才能というわけではなく、おそらく少数の細菌にはあらかじめ多剤耐性があったのだろう。土壌細菌は、抗生物質を産生する菌類や細菌と密に接しているため、生き残りのためには抗生物質への耐性が不可欠になる。１９５０年代から80年代にかけて急増した抗生物質の使用は、細菌の防御の進化をいたずらに加速させてしまった。

ふたつ以上の抗生物質に対抗するために、新たな耐性遺伝子を備えはじめた細菌もある。メチシリン耐性黄色ブドウ球菌（Methicillin-resistant *Staphylococcus aureus*：MRSA）は、ペニシリン系抗生物質への耐性をコントロールする遺伝子のほかに、テトラサイクリン、クリンダマイシン、アミノグリコシド、エリスロマイシンに耐性を示す遺伝子ももっている。

ポンプの仕組みを備えた細菌は、抗生物質が細胞壁と細胞膜を通過したとたんに、それを外に汲みだすことができる。これらの細菌は、ＡＢＣトランスポーター（ＡＴＰ結合カセットトランスポーター）と呼ばれる適応によって、複数の薬剤を用いる治療に抵抗できる、より高度なシステムを発達させた。（カセットは、ひとつのチームとして働く遺伝子の集まり。）細菌、古細菌、真核生物にあるＡＢＣトランスポーターは、一定の有害な分子を細胞の外にポンプのようにして汲みだすタンパク質だ。（化学療法が効かない癌は、ひとつには、ＡＢＣトランスポーターを駆使して薬を癌細胞から排出することによって治療を妨げている。）

ＡＢＣトランスポーターは、細菌の細胞膜の細胞質を取りかこむ内側の面から膜の外側の面まで達する2個のタンパク質でできていて、それらは細胞膜を貫通する微細な孔を作っている。細胞はこの細孔を利用し、エネルギーを費やして、2種類以上の抗生物質をはじめ各種の化学物質を外に捨ててしまう。細菌にはおよそ30種類の異なるＡＢＣトランスポーターがあって、それぞれの環境で自分を傷つける可能性のある多彩な化学物質を、せっせと細胞の外に運びだしている。トランスポーターは抗生物質やバクテリオシンだけでなく、胆汁塩、免疫系因子、ホルモン、イオンまで運び、最近では人間が作りだした抗生物質にも適応して、排出することがわかってきた。

多剤耐性は今、ひとつの抗生物質への耐性よりも一般的になった。細菌によっては、あまりにも多くの防衛機能を備えているので、まるで製薬会社の必死の努力を打ち負かすために特別に作られたのではないかと思えるものまである。ヒト型結核菌には30種類の異なるＡＢＣトランスポーターが含まれているので、ほかの防衛策がうまくいかなかったとしても、これらの補助の防衛機能が働く。第一に、この細菌の細胞壁は特殊な構造をしているため、ほかの細菌には有効な多くの抗生物質もこの壁を通りぬけることができない。もしこの壁をなんとか通過する抗生物質があれば、ＡＢＣトランスポーターのシステムが作動する。第二に、ヒト型結核菌は免疫系の細胞の内部に隠れる能力をもっていて、血流に乗ってからだをめぐる抗生物質の攻撃を逃れることができる。第三に、大腸菌がウサギの速さで増殖できるとするなら、ヒト型結核菌の増殖はカメだ。ゆっくりした増殖そのものが身を護るわけではないが、医師が抗生物質を用いて結核を治療しようとすると、時間が長くかかる。ほとんどの抗生物質は細菌の分裂中に一番よく効くため、結核菌のゆっくりした増殖は、抗生物質の効率を下げてしまう。通常の結核治療には半年か、それ以上の時間がかかり、どんなに几帳面な患者でもそんなに長いあいだ決まった時間に薬を飲みつづけるのはなかなか難しいから、それだけでも病原菌にとっては好都合なのだ。

ヒト型結核菌がもつ複数の防衛機能のせいで、１９４０年代に抗生物質を用いる治療がはじまったとき、医師はふたつ以上の抗生物質を使わざるをえなかった。２種類の抗生物質は長年にわたって効果を上げていたが、今ではこの細菌を殺すのに４種類の薬が必要になっており、その４種類すべてに耐性をもつ株も多い。結核に効く抗生物質の選択肢は、狭まるばかりだ。ほかの細菌と同様にヒト型結核菌も、有利な形質を発達させる場合、それに対応する遺伝子をＤＮＡのなかに保存している。多剤耐性は、皮膚感染、性感染症、肺炎でもごくふつうに見られるようになった。

１９３６年にドイツではじめてサルファ剤が淋病の治療に使われて以来、１９４２年までにはサルファ剤に耐性をもった淋菌（*Neisseria gonorrhoeae*）の株がドイツ全土に広まった。アメリカの製薬会社がペニシリンを大量生産するようになるとすぐ、医師たちはサルファ剤をやめてペニシリンに飛びついた。だが１９６０年代に到達する前に、ペニシリンを粉々に切断できる耐性をもつ淋菌が世界中に広まった。それより15年も早く、すでにブドウ球菌属のほとんどすべての種がペニシリンへの耐性を示していた。細菌が耐性を作りだして共有する効率は著しく上がり、もう適応までに何か月や何年もかかることはない。たとえば、腎臓の感染症に対してストレプトマイシンによる治療を開始すると、その４日後には、患者の尿サンプルに含まれるストレプトマイシン耐性菌の数が、通常に影響を受ける菌より多くなる。

細菌は抗生物質に対して、プラスミドと呼ばれる効果的な防衛手段をもっている。同じ種の細菌どうしで、ときには異なる種のあいだでも、プラスミドをやりとりすることによって、ふつうはもっていない便利な形質を相手からもらうことができる。相手の細胞にプラスミドを渡す前に、染色体から耐性遺伝子を取りだしてプラスミドに挿入する細菌もある。細胞は、ほかの細胞が死んでバラバラになったときにそのかけらを吸収して、または細胞どうしが結びついて、染色体にあるＤＮＡ断片全体を共有してしまうこともある。

微生物学者は細菌の抗生物質防衛策の裏をかこうと、あの手この手を試してきた。そのひとつで「トロイの木馬」と呼ばれる策略は、自然の生きものどうしが鉄を奪いあう競争を利用する。生息環境には鉄が足りないことが多いため、細菌はシデロフォア（鉄の運搬体）と呼ばれる化合物を作りだし、周囲にある貴重な鉄の分子を包みこんで、特殊な細孔から細胞内に取りこむ。そこで微生物学者は、鉄の代わりに抗生物質を包むシデロフォアを考えた。細菌はシデロフォアに気づくと、細孔を開いてそれを内部に取りこむから、抗生物質を侵入させることができる。

細胞内に抗生物質をこっそり持ちこむトリックにだまされない細菌については、シデロフォアが取りこむ金属を鉄からガリウムに置きかえてしまう作戦を用いる。鉄とガリウムは細菌から見るとよく似ているが、こうすることで細菌から不可欠な鉄を奪いとることができる。

さらに、バクテリオファージ（ファージとも呼ばれ、細菌だけを攻撃するウイルス）を利用して自由に操る別の武器もある。微生物界では、ファージが戦闘機なら細菌は母艦のようなものだ。ファージの大きさは、最も長い場所を端から端まで測っても最大で２２５ナノメートルしかない。一般的な細菌の細胞の体積は、ファージの体積の１３００倍にもなる。

そこで微生物学者は、細菌の内部にもぐりこんで細菌の修復システムを動かなくさせたり、抗生物質を汲みだすポンプを閉じたりするファージを考案して、１世紀も前にファージを発見したフェリックス・デレルのアイデアを復活させている。この方法はすでに遺伝子療法という新しい分野で、遺伝子疾患を治すために、人間で試されてきた。遺伝子療法では分子生物学者が、人に感染するウイルスに、人間のＤＮＡ内で欠陥を修復する特別な遺伝子を組みこむ遺伝子操作を行なっている。ウイルスが病気を引きおこさないように不活性化しながら、人という宿主には感染できるようにしておく。遺伝子操作を加えられたウイルスは、細胞のＤＮＡ複製の働きを引きついで、欠陥のあるＤＮＡに新しい遺伝子を挿入する。

抗生物質を運びこんだり耐性菌の防衛策の裏をかいたりするためのファージは、まだ実験の段階から出ていない。それでも細菌は薬に負けまいと常に進化しつづけているから、生物学は独自に新しい武器を用意して、後れをとらないようにする必要がある。

ＤＮＡを共有する細菌

遺伝子導入によって、細菌は別の微生物から有用な遺伝子を受けとることができる。真核生物の場合、藻類から人間にいたるすべての生きもので、遺伝子の導入は配偶子の融合というたったひとつの仕組みだけで起こる。オスとメスの１個ずつの配偶子が受精卵（接合子）を作り、そこに両親から受けついだＤＮＡが入る。ところが細菌と古細菌は、おもに３つの方法で遺伝子をやりとりすることができる。形質転換、形質導入、接合だ。これらはすべて、娘細胞を生みだすことによって実現する標準的な遺伝子の共有ではなく、ふたつ以上の成熟した細胞のあいだで起こるので、遺伝子の水平伝播と呼ばれている。

形質転換は、細菌がＤＮＡを周囲の環境から直接取りこむときに起こる。核様体またはプラスミドのどちらかに入っていたＤＮＡ分子が利用される。どちらの場合も、別の細胞が死んで溶け、水生環境で分解されたＤＮＡだ。生きた細菌細胞が生息環境でそうしたＤＮＡを見つけると、その高分子化合物にくっつき、酵素を利用してほどきにかかる。ＤＮＡは、はしごに似た二重らせんの構造をしている。そこで酵素ははしごの横棒をつぎつぎに切って、ＤＮＡを１本ずつに分ける。１本はそのまま分解してしまうが、細胞は残りの１本を内部に取りいれ、そこで自分のＤＮＡに組みこむ。

形質導入は、バクテリオファージが細菌細胞に感染して、別の微生物のＤＮＡを持ちこむことで起こる。ファージが細胞のＤＮＡ複製手段を乗っとっても、その細菌を殺さなければ、細菌細胞は一部に異なるＤＮＡをもつ新しい子孫を作ることになる。それまで自然界にはなかった、まったく新しい細菌が、増殖をはじめる。

細胞間のプラスミドの移動は、接合によって起こる。接合は、ふたつの細胞が性線毛と呼ばれる管によって物理的に結びつくため、細菌版の有性生殖とも言われてきた。一方の細胞からもう一方の細胞に性線毛を伝わってＤＮＡが移動したあと、性線毛は切れる。接合の結果、受容側の細胞は新しい遺伝子を既存のＤＮＡに組みこむ。その細胞が分裂すれば、娘細胞およびその後の世代はこれらの遺伝子をもつことになる。

細菌で起こる遺伝子導入は、抗生物質耐性遺伝子を細菌集団のあいだで伝えられるという点で、最も深刻な影響をおよぼす。ここで説明してきたＤＮＡをやりとりする３つの方法のどれかひとつを使えるかぎり、細菌どうしが近縁である必要はない。プラスミドは抗生物質への耐性に利用される遺伝子を複数もつことがわかっているので、これまでの数十年間で抗生物質耐性が拡大した最大のルートは、プラスミドの移動だろうと考えられる。細菌における遺伝子導入の進化について、生物学はまだすべての疑問を解明できていないが、これらのシステムが細菌にもたらす利点に疑問の余地はない。

細菌はチャンスを見逃さない

抗生物質耐性菌による感染が最も多く発生するのは病院だ。病院では抗生物質がたくさん使われるうえ、集まる患者は病気、外傷、手術によって弱っているから、細菌感染に絶好の機会を与える。病院や医療機関内で新たな細菌などに感染することを、「院内感染」と呼ぶ。異なる患者に接する前に正しく手を洗わない医師、看護師、技師など、病院職員からの感染も多い。病院の職員をだまって観察してみたところ、正しい手洗いを励行している医療専門家は、一般の人たちよりわずかに多いだけという結果が出た。一般で正しく手を洗っている人は、全体の半分にも満たない。しかも医療専門家のお粗末な手洗い（洗う時間が短い、使う石鹸が少ない、石鹸を使わない、またはまったく手を洗わない）の大半は、一般の人たちが利用するトイレでのことだった！　現在ではほとんどの病院で、ほかのどの場所より多くの細菌が見つかり、それらの院内細菌では多剤耐性の発生率が高い。細菌はすべて危険だと人々が信じるのも無理はないが、そのような考え方が、抗生物質の乱用だけでなく、同じように殺菌剤など抗菌製品の使いすぎも招いてきた。

医学生物学者のスチュアート・レヴィは、殺菌剤で熱心に掃除しすぎれば、細菌が耐性を発達させるチャンスを増やすだけだと警告してきた。殺菌剤や抗生物質に耐性をもつスーパー細菌は、遺伝子をやりとりすることによって、最高の防衛策を共有してきたのだろうか？　洗浄・漂白用製品（漂白剤、第四級アンモニウム化合物）に含まれている化学物質は、抗生物質の大きい分子とは異なるから、共有はあり得ないように思える。それでも、細菌がこれらの化学物質を排出する方法は、抗生物質を追いだす場合とほとんど同じで、使うのはポンプのような仕組みだ。「ポンプ」という言葉は誤解を招くかもしれない。細菌の抗生物質汲みだしポンプは細胞内にあるトランスポーター（輸送体）を利用している。細菌の外側の膜にある受容体の細孔を通って抗生物質が細胞内に入ると、トランスポーターがそれに気づいて抗生物質に近づき、つかまえてしまう。こうして抗生物質によって変化したトランスポーターを、細菌のタンパク質（膜融合タンパク質と呼ばれるもの）が見つけ、その複合体を大急ぎで別の細孔から外に運びだす。細菌は、トランスポーターと膜融合タンパク質を作るのに必要な栄養分を確保できるかぎり、抗生物質を追いだしてそれに対抗できる。このシステムが正しく働くためには、トランスポーターが抗生物質の全体または一部に気づかなければならないので、化学者たちは気づかれないような独特の抗生物質を生みだそうとしているし、生物学者は抗生物質の汲みだしポンプの仕組みを台無しにしてしまう、新しい天然物質を探している。もし、化学物質の排出ポンプと抗生物質の排出ポンプがまったく同一のものなら、超スーパー細菌があらわれて、抗生物質だけでなく殺菌剤にも耐性を示す日は近いだろう。完璧な耐性か、完璧な薬か――この競争でどちらが勝つかは、まだだれにもわからない。

たしかに抗生物質耐性の発達は、これまでいつも宿主と仲良く暮らしてきた細菌を変えてしまった。からだに住みついた善玉菌が感染症を起こすのは、環境が変化して、感染しやすくなったときだ。その場合の環境は、ふつう免疫力が弱ったり未成熟だったりすることに関係し、おもに次のような要因をもつ「ハイリスク群」とされる人々で起こる。

からだを衰弱させる慢性病
薬物やアルコールの依存症
栄養不足
妊娠
老齢
幼齢（乳幼児と12歳未満の子ども）
HIV／AIDS
臓器移植
癌の化学療法や放射線療法

ここにあげたストレス要因はどれも、抗生物質耐性菌が感染症を引きおこし、それに対して抗生物質が投与され、それがさらに耐性を強めるという、危険な循環を増幅する。ごく一般的にからだについている細菌のひとつ、黄色ブドウ球菌は、すでに有数の多剤耐性菌として知られるようになった。黄色ブドウ球菌は健康リスクであると同時にからだの常在菌でもあるのだから、数々の選択肢のなかから抗生物質や殺菌剤などの武器を選ぶよりも、ひとりひとりがよい衛生状態を保つほうが効果的だ（図3・2）。

この10年間で、製薬会社が発売する新しい抗生物質はどんどん減ってきた。「簡単に見つかる抗生物質はもうすべて見つかってしまった」から、天然または合成の新薬を生みだす研究は難しくなり、かかる費用も増えている。かつて抗生物質の生産でトップに立っていた会社も、今では新しい抗生物質の研究費を減らしてしまった。天井知らずの研究費と、認められるまでに時間がかかりすぎて新薬から十分な利益を見込めない特許の仕組みのせいで、医師が感染症への対応に繰りだせる道具の範囲は狭まるばかりだ。

図３・２ 1890年頃のバクスターストリート24番の中庭。写真家ジェイコブ・リースが、ニューヨークのスラム街の共同住宅での暮らしをとらえた。同様の生活環境は、今も世界中にある。栄養不足と不衛生な状態は、どの時代にも病原菌の感染を助長してきた。（写真提供：Museum of the City of New York, Jacob A. Riis Collection）

起業家たちはこれまでに、コロイド銀、銅、亜鉛、マグネシウム、薬草（クローブ、エキナシア、ガーリック、オレガノ、ターメリック、タイム）、柑橘油（シトラスオイル）、ティーツリーオイル・エキス、グレープフルーツシード・エキスを試してきた。これらのほとんどを実験室の培養物で検査してみたが、どれにもたしかに抗菌作用がある。だが、実験室で細菌の増殖を抑えるのは、自然界や体内にいる細菌の力を抑えるより、はるかに簡単なのだ。抗生物質は急速に増殖している細胞に一番よく効くから、実験室の細菌は、最も影響を受けやすい状態になっている。自然界なら、細菌は防衛機能のスイッチを入れ、増殖の速度をゆるめる。そのどちらも、抗菌剤のもつ働きの一部を無効にしてしまう。

新しい世代の抗生物質はまだ登場していない。もしあらわれるとするなら、たぶん海からやってくるだろう。科学者たちはこれまでの10年間に、だれも見たことがなかった抗生物質を生みだす海洋細菌、藻類、カイメン、サンゴ、微小な無脊椎動物を探しだした。新たな海洋性の抗生物質が、ブドウ球菌感染症、淋病、連鎖球菌、結核、院内感染との戦いに負けつづけている現在の抗生物質にとってかわる日は、近いかもしれない。

薬の歴史

紀元前2000年　さあ、この根っこを食べなさい。
西暦1000年　そんな根っこは野蛮だ。さあ、祈りなさい。
西暦1850年　そんなお祈りは迷信だよ。さあ、この妙薬を飲み干してごらん。
西暦1920年　そんな薬は当てにならないよ。さあ、この錠剤を飲みなさい。

西暦1945年　そんな錠剤は効かない。さあ、このペニシリンを注射しよう。
西暦1955年　おっと……バイ菌が突然変異した。さあ、このテトラサイクリンを注射しよう。
西暦1960～1999年　さらに39回の「おっと……」。さあ、もっと強力なこの抗生物質を注射しよう。
西暦2000年　バイ菌の勝ちだ！　さあ、この根っこを食べなさい。

作者不詳（2000年）

4 大衆文化に見る細菌

細菌とウイルスは、音もたてず、目に見えないまま、からだのなかでどんどん増えていく。ときには突然変異をとげ、ときには命を奪う。小説の主人公が倒そうと立ちむかう敵が病原菌でも、作家に文句は言えないだろう。細菌はもう何十年も前から大衆文化（ポピュラー・カルチャー）に浸透し、芸術は地球の生態だけでなく病気についても、驚くほど多くの教えをもたらしている。だが同じように大切なのは、芸術が細菌に対する人々の恐怖や受けとめ方を表現してきた点だ。映画や小説で細菌がどんなふうに誤って描かれているかを見れば、みんなが「バイ菌」をどんなふうに見ているかがわかる。そして人々が細菌をどうとらえているかを知れば、これまで社会やことの成り行きに細菌がどんな影響を与えてきたかがわかってくる。

今も昔も、当然のことながら大衆文化が取りあげるのは命にかかわる病原菌が主で、この地球に生きものが住めるようにしている環境微生物にはあまり触れない。芸術作品での病原菌に関する誇張やウソは、長年にわたって根づいてきた細菌の概念を教えてくれる。

細菌と芸術

ヨーロッパを襲った黒死病は芸術にも影を落とし、病と死に対する人々の姿勢の変化をそのまま映しだした。ペストが流行する前の、14世紀初頭の絵画に描かれていたのは、穏やかな田園風景、狩猟、上流階級の暮らしだった。教会の力が作品に及ぶことは多く、天国と地獄にほぼ同じくらいの関心が寄せられてはいたが、画家が死を凶暴で残酷なものとみなすことはほとんどなかった。しかし黒死病が豊かな人も貧しい人も見境なく襲うようになると、絵画にも陰鬱な気分があらわれる。ペストの流行とその深刻な被害が、いつ終わるともなくつづいていくにつれて、ヨーロッパの芸術家たちは社会が直面する悲惨で痛ましい結末だけを伝えるようになった。もう天国と地獄が同等に扱われることはなく、あらゆるところで地獄が大口をあけて待ちうけているように感じられた。実際、14世紀のヨーロッパの絵画には臨終の場面が数多く登場する。

キャンバスに描かれた姿の背後には、ペスト菌がこの大陸にもたらした、耐えがたい暗さが隠されていた。ペストの病原菌は、ずっと猛威をふるいつづけていたわけではなかったものの、その流行は5世紀にわたって何度もヨーロッパを襲った。密集した市街地、貧困、誤った情報、そしておそらく無力な聖職者と医療専門家を信じすぎたことが、ペストを歴史を変えるほど大きな災いにした要因だった。これらの要因は、多かれ少なかれ、今もまだ残されている。

黒死病は、芸術家の暮らしにも思わぬ影響をおよぼす。病気をおそれた異邦人がヨーロッパ侵略の手をゆるめたために、流行の合間にはヨーロッパの大小の町に創造的な職業を育てる時間ができた。芸術家、熟練した職人、建築家がそれぞれの技を磨いて、専門家としての地位を確立すると、社会で重視される存在になった。

黒死病の嵐が吹き荒れた当時、その原因はだれにもわからなかった。アントニ・ファン・レーウェンフックが顕微鏡を覗いて細菌を目にするのは、まだ3世紀も先のことだ。歴史学者たちは、ペスト菌が引きおこした悲惨さを芸術作品から探りだしている。絵画には、青白い顔をして弱りきった人物が、それまで立っていた地面に倒れこむ様子が描かれている。病み、今にも死にそうな人々の群れが、足をひきずりながらその横を次々に通りすぎていく。6世紀のユスティニアヌスのペストから1665年に発生したロンドンの大疫病まで、ペスト流行に関するほとんどの記録を見ても、通りには死体が山積みになったとある。当時のこのような記述と芸術からは、生き残った者がただ絶望にくれていただけでなく、大変な仕事に立ちむかっていたこともわかる。町の人たちが長い木の枝や棒を操り、なるべく近づかないようにしながら死体を遠い町はずれの火葬の場まで運ぶ姿が、絵画からも文章からも浮かびあがってくる。

芸能における細菌

子どもたちに馴染みの次のわらべ歌は、１６６５年のロンドンでのペスト大流行がもとになって生まれたと考えられていて、時とともにさまざまな言語や文化で少しずつ変化してきたが、どれも伝えていることは同じだ。

赤いまわりに　輪を作り
ポケットいっぱい　花びら入れて
灰になった　灰になった
みーんな　こーろんだ

もしも中世に微生物学者がいて、現代の腺ペストの知識をもっていたとすれば、このわらべ歌をおよそ詩的ではないものに変えてしまうだろう。

肌に腫れもの　まわりに赤い発疹見えたなら
とにかく薬草与えよう
死人は火葬の薪で焼け
遅かれ早かれ　みんなペストで死ぬんだよ

ペストに襲われた人は一日もしないうちに倒れた。元気な人が朝、ペスト菌に感染し、夕暮れ前に死んでしまうことさえあった。ところが、15世紀から19世紀までのあいだはペストの大流行がそれほど頻繁に起きず、その理由は今でも完全にはわかっていない。ペストが姿を消すにつれて、社会には別の病気が見え隠れしはじめ、芸術にも登場するようになる。１９００年代のはじめまで「肺病」と呼ばれていた結核は、人間がかかった最古の病気だとされている。長い時間をかけてからだを衰弱させるこの病は、治療を受けない患者の多くをゆっくりとむしばんでいく。ヒト型結核菌がふたつに分裂するには丸一日、24時間もかかるから、感染した人の結核の進行はとても遅い。

少し曲がった棒のかたちをした結核菌はとても小さくて、長さは４マイクロメートルに満たず、太さは０・３マイクロメートルしかない。まるで糸のようなこの細菌は、感染者の咳で吐きだされる湿っぽい飛沫に乗って、空中を移動する。バイオエアロゾル（空中を浮遊する生物由来の微粒子）とも呼ばれるこのような飛沫は、１メートル以上もの距離を飛んで、別の人に吸いこまれる。いったん吸いこまれてしまうと、わずか5個の結核菌細胞が肺の空気嚢（肺胞）に侵入しただけで、感染を開始できる。侵入された人の免疫系は体内の異物に反応し、感染の場所にマクロファージ細胞を送る。マクロファージは、ほかの異物を見つけたときと同じように敵を分解しようと、結核菌を飲みこんでしまう。ところが結核菌はマクロファージのなかでも生きつづける。そればかりか細菌の一部がマクロファージの内部に隠れたまま、便乗してリンパ系を流れ、ほかの器官に移動していく。ほかの結核菌細胞は肺に残って増殖をつづける。感染がひどくなるにつれ、免疫系はますます活発に働くので、病原体をやっつけるための炎症反応がどんどん強くなっていく。その結果、細菌そのものより免疫系のほうが、からだに大きい危害を与えてしまう。

結核菌と戦おうとする免疫系の無駄な努力は、結核が重病になる原因のひとつだ。ほとんどの細菌は健康な人の免疫反応によって殺されてしまうが、結核菌は自分のまわりに免疫細胞をどんどん集め、肺のなかに結核結節と呼ばれるかたまりを作る。結核細胞の小さい集団がそれぞれに結核結節となり、肺じゅうに無数に広がっていく。リンパの流れは肺に集まりはじめ、炎症が起きて組織を病変させる。感染者はこの病の証拠となる慢性的な咳をしはじめる。

病に苦しむ登場人物が少しずつ弱っていく様子は、『椿姫』や『ラ・ボエーム』の物語を盛り上げるのに役立った。実際には衰弱の果てに痩せ細って死んでいくはずの主人公を、堂々とした体格のオペラ歌手が演じるのには目をつぶって、繰りかえし上演されている。18世紀のはじめ、イギリスの医師ベンジャミン・マーテンは鋭い洞察力を発揮して、「驚くほど小さい生きもの」が肺病の原因かもしれないと考えた。そして、健康な人が感染者と接しながら近くで暮らすのは危険だと論じた。時代に先がけた考え方だった。感染者を周囲から引きはなすよう勧める医師も一部にはいたが、家族はそれを予防手段というより残酷な罰としてとらえ、従わないことが多かった。1940年代になってもまだ結核によく効く薬は見つからず、はっきりした予防法も確立されてはいなかった。

医療の現場は20年にわたって、結核患者を隔離してまわりへの感染を避けながら回復させる方法として、サナトリウムの利用を推進した。患者は数か月から1年のあいだ家族から離れて暮らすことになる。（医師は患者に完全な休養を指示し、一日一回しかトイレに行かせないことさえあった。）登場人物を家族や恋人から、ときには借金取りから遠く引きはなすという設定が、劇作家にとってどれだけ豊かなアイデアの源になったかは、容易に想像がつくだろう。１９４５年にはシナリオライターのダドリー・ニコルズが『聖メリーの鐘』で、イングリッド・バーグマン演じる尼僧のメアリー・ベネディクトをサナトリウムに送って、結末をメロドラマ風に飾った。

病気がどのようにして多くの人々のあいだに広まっていくかを総合的に見ると、結核と腺ペストの伝染は対照的であることがわかる。毒性の強いペストは、とりついた相手をあっという間に殺してしまう。歴史上最悪と言われる何度かのペストの流行では、人口が一度にごっそり減ってしまったために、病原体はしばらくのあいだネズミの保菌者に退散して生きのびるしかなくなった。一方、結核はじわじわと広まっていき、病状の進行も遅いので、急性の病気より長く人々のあいだにとどまっていられる。そのうえ患者はいつも命を落とすとは限らず、ただ元気に暮らせなくなるだけだから、地域社会全体に浸透していくにはなおさら都合がいい。

サナトリウムはまるで病人を不当に隔離するかのように描かれるが、実際には伝染病の広がりを食いとめるには一番の方法で、今もまだ健在だ。結核は社会病と呼ばれる。人と人との密接な交流、狭いところに大勢が集まる生活や職場環境、感染者が新しい場所にちょくちょく出かけるという状況によって、結核はうまく社会に定着する。世間はいつの世も変わらず、社会病を貧困、教育のなさ、社会的地位の低さに結びつけようとする。そのために、結核にかかるのはその人に何か落ち度があるという考えは長いこと消えなかった。こうした理論は、ほかの病気やウイルスについて現代まで持ちこされている。微生物学がこれほど大きな技術的進歩をとげたというのに、感染を生物学的事実として認めるのではなく、宗教的な意味合いでとらえる人はまだ多い。

結核サナトリウムに閉じこもるという方法とは別に、寒くて人の多いアメリカ東部の都市の住民は、体力を消耗するこの病気からの回復を願って気候の温暖な場所に1年以上移り住むことも多かった。カリフォルニアで映画産業が発展したのは、1900年代はじめの商工会議所のパンフレットにある「病人は元気になり、元気な人はもっと丈夫になる環境」という誘い文句が功を奏し、人口が増加したからでもある。結核の病人が出た家族や、結核にかかりたくない家族が、大陸を横断して太陽の照りつける南カリフォルニアに移住した。

結核は社会のあらゆる分野から命を奪い、芸術家も例外ではなかった。結核の犠牲になった表4・1の著名人のほとんどは若くして世を去っており、このリストから結核が20世紀になってもまだ社会に蔓延していたことがわかる。

芸術家のほか、イングランド王のエドワード6世（15歳）、ドック・ホリデー（36歳）、エレノア・ルーズベルト（78歳）、さらに聴診器を発明したルネ・ラエネク（45歳）も、この病に屈した。一部の歴史学者はジョージ・ワシントンも――兄ローレンスの命を奪った――結核で世を去ったとしているが、確かな証拠は見つかっていない。アメリカ合衆国建国の父は生涯を通して病弱で、2回にわたって結核に感染したのかもしれない。1799年12月14日に世を去ったワシントンの病名を、主治医は気道の「化膿性扁桃腺炎」とした。だがその後の多くの医療研究者は、ワシントンの死因について首をひねりつづけている。アメリカでサナトリウムを提案したエドワード・リビングストン・トルドーの場合、議論の余地はない。トルドーは、救おうとした人たちに繰りかえし接しているうちに自分

名前	没年	偉業（逝去時の満年齢）
アレクサンダー・ポープ	1744年	イギリスの詩人、風刺作家（56歳）
ジョン・キーツ	1821年	イギリスのロマン派詩人、『ナイチンゲールに寄す』の作者（25歳）
パーシー・ビッシュ・シェリー	1822年	イギリスのロマン派詩人、『鎖を解かれたプロメテウス』の作者（29歳）
ヨハン・W・V・ゲーテ	1832年	ドイツの作家、『ファウスト』の作者（82歳）
エミリー・ブロンテ	1848年	イギリスの小説家、『嵐が丘』の作者（30歳）
フレデリック・ショパン	1849年	ポーランド出身のピアニスト、作曲家（39歳）
エドガー・アラン・ポー	1849年	アメリカの詩人、短編小説作家、『モルグ街の殺人』の作者（40歳）
シャーロット・ブロンテ	1855年	イギリスの作家、『ジェーン・エア』作者（38歳）
エリザベス・バレット・ブラウニング	1861年	イギリスのヴィクトリア朝の詩人、『ポルトガル語からのソネット』の作者（55歳）
ヘンリー・デイヴィッド・ソロー	1862年	アメリカの作家、思想家、『ウォールデン』の作者（44歳）
スティーヴン・フォスター	1864年	アメリカの作曲家、『ケンタッキーのわが家』の作者（37歳）
フョードル・ドストエフスキー	1881年	ロシアの小説家、『カラマーゾフの兄弟』の作者（59歳）
ロバート・ルイス・スティーブンソン	1894年	スコットランドの作家、『ジキル博士とハイド氏』の作者（44歳）
アントン・チェーホフ	1904年	ロシアの劇作家、短編小説作家、『かもめ』の作者（44歳）
フランツ・カフカ	1924年	オーストリア＝ハンガリー帝国出身の小説家、『変身』の作者（40歳）
D・H・ローレンス	1930年	イギリスの小説家、『チャタレー夫人の恋人』（1928年）の作者（44歳）
トーマス・ウルフ	1938年	アメリカの小説家、『天使よ故郷を見よ』の作者（37歳）
ジョージ・オーウェル	1950年	イギリスの作家、『一九八四年』の作者（46歳）
ヴィヴィアン・リー	1967年	イギリスの女優、『風と共に去りぬ』でスカーレット・オハラ役を演じた（53歳）
I・ストラヴィンスキー	1971年	ロシアのピアニスト、作曲家（88歳）

表4・1　結核を患った著名人

自身も同様に感染したらしく、67歳で世を去っている。

現代の詩人ディラン・トマスは結核に命を奪われたわけではないが、医療史研究家のH・D・チョークによれば、結核にかかっているにちがいないと思いつめたあまり、あたかも実際の結核患者のようだったという。迫りくる死を何度となく綴った言葉は、この詩人が結核を恐れていた証拠だとみなされている。

友と敵

作家たちは、人間の心とからだのさまざまな状態を表現するメタファーとして、細菌による病を利用してきた。ブロンテ姉妹、ジェーン・オースティン、チャールズ・ディケンズは、小説のなかで登場人物を特に差しせまった苦痛に向かわせたいとき、さりげなく結核を使っている。ジョン・スタインベックが、1939年に発表した『怒りの葡萄』と、その原型である1938年の『彼らの血は強い』の憂鬱な筋書きで用いたのも同じ方法だ。

1800年代と1900年代には、死病となる感染症で結核に次いで多かったのが、水によって伝染するコレラだった。1912年に発表された『ヴェニスに死す』の場合、作者のトーマス・マンは主人公である年配の作家グスタフ・フォン・アッシェンバッハをコレラの犠牲にして、性的執着の苦悩から救いだしている。W・サマセット・モームの『五彩のヴェール』(1925年)とガブリエル・ガルシア=マルケスの『コレラの時代の愛』(1985年)でも、あっという間に死に至るこの病が物語を先へと進めていく。コレラや結核など、治る手立てがはっきりしない重病は、人生で避けて通れないものの象徴として、死や病、喪失、さらに文学や音楽や視覚芸術の原動力となるさまざまな感情を描写するのに役立ってきた。

その一方、1938年に「マーキュリー劇場」という番組でニューヨークから放送されたラジオドラマは、珍しく細菌に主役の座を与えている。ハロウィーン前夜の8時ちょうど、俳優オーソン・ウェルズがマイクロフォンに歩みよって、そのドラマは幕を開けた。それから1時間にわたり、アメリカ各地を火星人が襲撃している様子が実況中継をまじえて伝えられると、途中から番組を聞いた人たちがほんとうのニュースだと思いこんでパニックに陥った話は有名だ。科学者も軍隊も交渉人も侵略を食いとめるのに失敗し、人類は今にも地球から一掃されそうになる。だが放送時間も残りわずかになったとき、主人公が目にしたのは、火星人が「こわばったまま音もたてずに」ひっくりかえり、ハゲワシにつつかれている光景だった。その晩ラジオに耳を傾けていた微生物学者には、人類を救ったと思われるヒーローは「腐敗菌と病原菌」だと察しがついたかもしれない。それらの菌に対して「無防備な［火星人の］からだは、人間の防衛手段がすべて失敗に終わったあと、神が賢くも地上にもたらした最もつまらないものによって滅ぼされた」のだ。細菌がこの惑星を救ったばかりだというのに、それが腐敗と病気をもたらすものだと説明するウェルズの言いぐさはなんだか恩知らずな気もするが、この『宇宙戦争』というドラマは細菌の基本的真実を人々に教えた――どんな細菌でも、免疫系が弱っている宿主では、致命的な存在に変わることがある。

この放送があった1938年以降、微生物学は地球上に住む細菌集団が逆境をはねかえす力について、さらに多くのことを明らかにしてきた。熱、寒さ、放射線、高圧、砂漠の乾燥、紫外線、化学物質に耐える細菌や、酸素がなくても生きていける細菌が分離され、研究され、さまざまな生産の目的に利用されてきた。ただし、人間にとって最も都合の悪い病原菌の大半に、抗生物質耐性が広がってきているから、細菌がオーソン・ウェルズの火星人を退治したのと同じ方法で地球上の人口を激減させる日が、いつかはやってくるかもしれない。

私は常日頃から、『宇宙戦争』で細菌が人類を窮地から救ったのはすばらしいことだと思っている。そのうえ、細菌とウイルスを混同するというよくある間違いをウェルズがしなかったことも、二重に嬉しく感じている。

1969年には小説家のマイケル・クライトンが、細菌を人間にとっての不滅の敵というごくありふれた役に引きもどした。『アンドロメダ病原体』は、突然変異した生命体が宇宙から人類を滅ぼすためにやってくるという昔ながらの仕掛けで、微生物学を詳しく、ほぼ正しく描いている。ここで焦点となるのは、生命にとって最も危険な病原体を培養するときに使われる、ほとんどの人が知らないテクニックだ。

世界一毒性の強い病原菌を扱う場合に、生物学者がどれだけ徹底して用心するかを、クライトンは正確に描写した。そのような菌を扱う実験室は「バイオセーフティーレベル4」またはＢＳＬ－4施設（高度安全実験施設）と呼ばれている。ＢＳＬ－4施設には、特殊な空気循環装置とフィルター設備、空中を浮遊する細菌が外に逃げるのを防ぐ何重もの気密設備、防護服、実験室に出入りするすべての人が従わなければならない汚染除去対策が整えられる。ただし作者はこの小説で、紫外線や赤外線、超音波、急速加熱などの「殺菌法」によって、架空の登場人物たちのからだを「殺菌」できるかのような書き方をしている。実際には、こうした方法を用いれば細菌を傷つけるより人間に与える害のほうが大きい――人体を殺菌することはできないのだ。殺菌法が効果を発揮するのは無生物だけで、殺菌法ではなく消毒剤が人間の皮膚から一部の細菌を取りのぞいてくれるが、細菌がすっかりなくなるわけではない。

『アンドロメダ病原体』には、わずかな間違いがあるとは言え、細菌のライフスタイルの並外れた点がいくつも登場する。クライトンは極限環境細菌と細菌の芽胞を正確に描写した。またコッホの条件の例もきちんと示した――病気にかかった生きものから微生物を取りだし、それを健康な生きものに注射して、同じ病気を再現することで、はじめてその微生物が特定の病気の原因だと証明できる。

アンドロメダ菌株と名づけられたクライトンの架空の菌株は、二酸化炭素と酸素、日光だけで育ち、とても狭いpＨ（環境にある酸と塩基の相対的な強さ）の範囲でのみ生きられる。また、小説のなかの科学者たちが病原体を封じこめるために作った隔離施設のゴム製のガスケットを食べ、それを栄養にした。クライトンが描いたのは、「光合成独立栄養生物（または光合成無機栄養生物）」と呼ばれるもので、日光をエネルギー源とし、二酸化炭素から炭素を補給して、あとはほんのわずかな栄養物で生きていける細菌だ。地球上の生命の進化の過程で、はじめて大気中に酸素を生みだしたのは、この光合成独立栄養生物だった。ほかの光合成細菌がそれにつづいて大気に酸素を増やした結果、無脊椎動物、魚類、哺乳動物など、酸素がなければ生きられない生物に進化の道が開かれる。

ゴムを食べる細菌はそれほど珍しくない。少なくとも１００種類は同定されていて、まだまだ見つかっていない変種もある。細菌も菌類も、ゴム手袋にも使われている天然ゴムの主成分であるイソプレン（5個の炭素原子と8個の水素原子でできている）を分解する。２００８年にはドレクセル大学医学部のモヒト・グプタが、入院患者の肺炎の原因がゴルドニア・ポリイソプレニボランス（*Gordonia polyisoprenivorans*）というゴム分解細菌だったという、気がかりな発見をした。この細菌はふつう、捨てられたタイヤにたまった淀んだ水にいて、真っ黒で固いタイヤのゴムをゆっくり食べながら育つ。アメリカじゅうどこに行っても目につく山積みの廃タイヤが、新しいＳＦスリラーのインスピレーションの源になるかもしれない。

『アンドロメダ病原体』の科学者たちは、侵略者に勝つ特効薬を見つけることはできなかった。この病原体は、よくあることだが、毒性の弱いものに突然変異していくと同時に、取りつく相手を徹底的に殺しすぎたことによって、消えていった。この本の結末には聞き覚えがある――医学は、腺ペストを撲滅することはできなかった。腺ペストは自滅したからだ。

細菌は芸術作品を食べる？

古代芸術の研究が、細菌の代謝について学ぶ絶好の機会になるなどと、思いつく人は少ないだろう。だが細菌は、有機物を分解するのと同じやりかたで芸術作品や歴史的文化財もむしばんでいる。細菌の酵素のリパーゼとプロテアーゼが、それぞれ顔料に含まれている脂肪とペプチドを分解し、炭水化物と繊維質を分解する各種の酵素がキャンバスや木を攻撃する。動物が食べものを消化するときに使うのと同じ酵素だ。風変わりな、もっと特殊な細菌は、無機塩類がかかわる化学反応からエネルギーをもらう。こうした微生物の活動のすべてが、世界中のすばらしい芸術作品を少しずつ変質させていて、おもに集団で力をあわせる細菌が原因になっている（図４・１）。

芸術作品の分解は、細菌による地球上の栄養循環のほんの一部にすぎない。細菌は、大気、水、土壌、動植物のあいだで地球の元素を循環させていて、このプロセスは栄養循環または生物地球化学的循環と呼ばれている。循環は海や森や山で起こり、またゴム、ペットボトル、塗料、さらにかつては不滅とみなされていた無数の人工物が細菌によって分解されるときにも起こる。細菌は、金属、石、大理石、コンクリートを腐食し、絵具、紙、キャンバス、皮革、顔料、木を劣化させる。細菌の力に

もう成り行きまかせの暮らしはいやになったよ。
バイオフィルムに加わろうかって考えていたところさ。

図４・１　バイオフィルムのバイ菌。（写真提供：Center for Biofilm Engineering, Montana State University）

図4・2　バイオフィルムによる腐食。この管はバイオフィルムによってほとんど完全にふさがれており、バイオフィルムは乾燥して硬くなっている。生物や無生物の表面からバイオフィルムを取りのぞく技術は、ほとんどない。（写真提供：Center for Biofilm Engineering, Montana State University）

よって進む化学反応が、橋や道路やオイルタンカーなどの近代的な社会基盤を弱めている。それとまったく同じ方法によって、細菌は芸術を作りあげているものも休むことなく消化しつづけている。それが金属、繊維、皮革、顔料など、何でできているかは関係ない。

銅は、文明で用いられた最古の金属のひとつだ。青銅器時代（紀元前３０００〜１３００年）には、職人がこの金属の打ち延ばしできる性質を活かし、真鍮や青銅の合金にして、道具や武器、食器（鉢や皿、ゴブレットなど）や装身具を作った。紀元前９世紀にまでさかのぼるエトルリア文明の遺物などに使われている青銅が、硫酸塩還元菌の力で少しずつ腐食しているという研究が進んだのは、わずか数年前からにすぎない。細菌が元素を「還元」するというのは、細菌の酵素がその元素に電子を加えるという意味だ。金属の腐食では、硫黄の原子に酸素が結びついた硫酸塩が、硫酸塩還元菌の力で硫黄に変わる。鉄が含まれた遺物にバイオフィルムができると、膜の一番下にひそむ嫌気性細菌が、硫黄を黄鉄鉱（1個の鉄の原子に2個の硫黄原子が結びついたもの）に変えていく。図4・2は、バイオフィルムが金属にとりついて、しっかり増殖できることを示している。

硫酸塩還元菌のデスルフォビブリオ属と鉄酸化菌のレプトスリックス属は力をあわせて鉄を腐食させ、これらは「鉄を食う」細菌と呼ばれることがある。レプトスリックス属が金属の表面にある鉄の原子から電子をもちさり、その周辺を数マイクロメートル離れてうろうろしているデスルフォビブリオ属が、余分な電子を受けとる。鉄は空気にさらされているだけでも錆びて腐食していくが、バイオフィルムは微環境と呼ばれるごく小さい嫌気性の隠れ家を作りあげ、そのなかでこのような反応が進行する。セルゲイ・ヴィノグラドスキーは1885年から1889年に行なった研究で、鉄硫黄代謝がどのように進行するかの全体像を発見した。

細菌による金属の劣化は、大西洋の水深3800メートルの海底でも、毎日進んでいる。豪華客船タイタニック号は1世紀ものあいだ、信じられないほどの重さでのしかかる水圧に耐えてきた。酸素のない深海では、船は錆びる心配もなかった。ところが海底のタイタニック号の写真を見ると、つらら状の錆びのようなものがいくつも伸びて、不気味な様相を呈している。10センチ足らずから1メートルほどまでと、さまざまな長さの「つらら」が、船のいたるところから無数に垂れさがっているのだ。薄紙のようにもろいものも、調査船が表面から引きはがしてもかたちを保つほど丈夫なものもある。錆び色をしたこの「つらら」は、タイタニック号が無情にも地球の一部に戻っていく最大の原因が細菌にあることを、はっきり物語る。

この「つらら」には、1912年4月15日に沈没したタイタニック号の船体がたどりついた深さと寒さのなかで、しっかり増殖できる細菌が混じりあって入っている。細菌は1日に1平方センチメートルあたり0・3グラムずつ、船から鉄を奪う。こうして鉄を失うことによって、沈没船からは毎日300キログラムの鋼鉄が分離していく。嫌気性の「鉄を食う」細菌は一日も休むことなく、鉄の原子を1回に1個ずつコツコツとタイタニック号から取りだしつづけているから、あと100年もしないうちに、おそらく早ければ40年後には、巨体がすっかり海底に崩れおちることだろう。船の有機物質、おもに木製の羽目板や備品が、細菌にとって最大の栄養源になっているが、金属の腐食が進むにつれて有機物質が次々にむき出しになり、その結果、タイタニック号の劣化はどんどん速度を増していく。

地上では、石とコンクリートが同じようにして風化する。古代ギリシャとローマの石像が少しずつ侵食される様子は、生物地球化学的循環のなかでも最もゆっくり進む岩石の循環または堆積物循環に、細菌もひと役買っていることを示すものだ。窒素はたった一日で土から大気に出て植物に戻っていくことができるが、岩の循環がひとまわりするには非常に長い時間がかかる。細菌が最初の仕事を引きうけ、石を侵食してもろくする。大きなかたまりから小さなかけらがはがれ落ちれば、もっと深い部分まで侵食を進める道筋ができる。崩れた物質は侵食作用によって水域まで運ばれ、やがて水底に沈んで堆積物の一部になる。堆積物、特に海底の堆積物は、激しい水圧のもとでぎっしり詰まって固まる。地球のプレートが移動するにつれ、この堆積物はマントル内で変成岩の一部となり、またゆっくりと地表に押しだされていく。変成岩のなかには地球の中心に向かって沈むものもあり、そこでは溶けた核が堆積物を熱してマグマに戻す。マグマは火山活動によって、一気に地表に噴きだすこともある。じわじわと地表まで上昇してきた新しい岩にも、火山から飛びだした岩にも、また細菌が取りついて侵食をはじめる。

岩だけでなく、湿った洞窟に残された先史時代の壁画に細菌がどのような影響を与えているかも、分子生物学的な手法で研究されるようになってきた。スペインのアルタミラやフランスのラスコーにある2万年前の洞窟壁画は、細菌の複合的な活動のせいで、土台になっている石ばかりか染料も劣化していると考えられている。壁画を傷める細菌の多くはまだ確認されていないが、スペインとフランスの洞窟に住む細菌群の大半を占めているのは、たいていの場合、アクチノバクテリア綱（放線菌綱）であることがわかってきた。アクチノバクテリアは菌糸と呼ばれる触手を出し、それが岩の表面の微細な孔に入りこんで伸びるので、表面下にまで細菌による損傷が広がってしまう。洞窟壁画を分子解析した結果、好気性細菌（シュードモナス属）も嫌気性細菌（チオブルム属）も、硫酸塩を利用する細菌（デスルフォビブリオ属）も鉄を利用する細菌（シェワネラ属）も、幅広い栄養素を利用する細菌（クロストリジウム属）も、狭い範囲の栄養素のみを利用する細菌（チオバチルス属）も見つかっている。ミネラルの顔料と獣脂を混ぜたもので描かれた600ものラスコーの壁画は、洞窟の細菌にとっては豪華なごちそうだ。

美術館では、湿度と温度をきちんとコントロールしているにもかかわらず、洞窟壁画とほとんど同じくらい名画を細菌から守るのに苦労している。菌類と、菌類に似た細菌のアクチノマイセス属は、絵画の表面に菌糸を伸ばして物理的に傷つけてしまう。そのほかの微生物は色素を化学的に分解する。

微生物学者たちは1980年代に開発されたポリメラーゼ連鎖反応（PCR）法を用い、オーストリア、ドイツ、フランスの城に描かれたフレスコ画から集めたわずかな細菌のDNAを大量に増幅して、細菌の種類と割合を調べた。これまでの分析結果では、オーストリアのシュタイアーにあるヘルベルシュタイン城の天井画に、クロストリジウム属、フランキア属、ハロモナス属が住みついていることが明らかになっている。次のような特色をもった各種類が、役割分担しながら、徐々に絵を壊しているわけだ。

クロストリジウム属　芽胞を作る嫌気性細菌で、さまざまな化学物質にとりついて増殖する。
フランキア属　芽胞を作り、表面を突きぬける長くて分岐した菌糸を出す。
ハロモナス属　多才な好塩性細菌で、酸素があってもなくても生きられ、アルコール、酸、有機溶剤を劣化させる。

世界的なすばらしい美術品をひと目見ようと絶え間なくおとずれる観光客も、劣化を加速させる。人のからだと呼吸が、美術館だけでなく古代壁画が描かれた洞窟のなかでも、温度と湿度を変化させるためだ。ラスコーの洞窟は、1940年に発見された当時は良好な状態だった。ところが見学者がやってくるようになると、壁画が急速に傷みはじめたため、1965年にはそれ以上の劣化を防ぐために閉鎖されてしまった。

風雨やバイオフィルム、シアノバクテリアにさらされている石の上では、それぞれがそれぞれのやりかたで、彫像、建物、墓石を劣化させる。場合によっては、歴史的建造物の表面で細菌が増殖すると、細菌の色素によって石が変色し、見た目の問題が生じる。また別の場合には、バイオフィルム内の細菌によってできた酸が、虫歯で歯のエナメル質に穴があくのと同じように石の炭酸カルシウムを分解してしまう。代謝の種類が異なる菌類、バイオフィルムの細菌、単独で動く細菌の活動は、歴史的建造物の劣化を早め、古代の建物だけでなく20世紀に建てられたコンクリートの構造物まで、ほとんどを台無しにしてきた。

地衣類は、古い石の構造物に緑がかった黒のシミを作る。地衣類は、菌類と細菌や藻類との共生体だ。菌類と共生する細菌を見ると、シアノバクテリアが圧倒的に多い。シアノバクテリアの光合成がもたらす有機栄養素のおかげで、地衣類が生きられるだけでなく、ほかの細菌も増殖できる。マヤ文明のチチェン・イッツァ遺跡にある石灰岩の表面には、細菌などの微生物が住みついている。太陽がよくあたるところの石では細菌の集まりはどんどん密集して多様になっていく一方で、寺院や回廊の内側の壁の場合は、密度も多様性もはるかに貧弱だ。

微生物学者は美術品がこれ以上傷まないようにしようと、美術品を劣化させる細菌の影響に別の細菌で対抗するという、ユニークな取り組みをはじめている。手はじめはクリーニングで、何世紀ものあいだに積もりつもった風化のくずや有機物の残骸を取りのぞく。ある種の細菌は、硬い層になった硫酸塩や硝酸塩、動物性の膠（にかわ）、カビや昆虫の死骸などを消しさる働きをもっている。美術品の材質の表面にある微細な孔に栄養素を注入することで、この細菌が増殖して結晶性の物質を作り、多孔質の表面への侵入がそれ以上進むのを防ぐ。同様の細菌が、微細な割れ目のクリーニングにも利用される。

イタリアのペスケで働いている研究者のジャンカルロ・ラナリは、細菌を利用して美術品の汚れをとる名人になった。まず、細菌がぎっしりついた湿布を使い、ミケランジェロの『ロンダニーニのピエタ』の大理石をクリーニングした。2007年には、ラナリのチームがミラノ大聖堂の大理石の壁面で、炭酸アンモニウム、合成洗剤、研磨剤を混ぜた洗浄剤と、細菌とを比較している。このとき使ったデスルフォビブリオ・ブルガリス（*Desulfovibrio vulgaris*）は材質のつやを消さずに大理石をきれいにしたが、洗浄剤のほうは汚れをとる力が劣っていたばかりか、あとには沈殿物が残った。ラナリのチームはその後、ピサの墓所(カンポサント)でシュードモナス・スタッツェリ（*Pseudomonas stutzeri*）を利用して、フレスコ画を20年以上も覆ってきた保護用の薄い布をはがすために、布と画をくっつけてしまった膠を除去する作業に挑戦する。この細菌に特有のタンパク質分解酵素が、うまく膠を消化し、下のフレスコ画を傷つけることなく布をはがす役割を果たした。

ヨーロッパの美術館の保存管理者たちはまだ、貴重な美術品の表面いっぱいに細菌を広げるという微生物学者の手法に対し、許可をためらっている。ラナリが利用しているような細菌は、石には効果があることはわかっていても、絵画にはまだ古くからの実績がない。300年も前に描かれた絵画のクリーニングは、レストランの油受けや浄化槽や軍艦の排水タンクの内側からベトベトした沈殿物を取りのぞくのとは、わけがちがう。これらの場所ではすべて、バチルス属やシュードモナス属などの細菌を使う方法が、すでに実用化されている。美術品をクリーニングするには、確実に不要なものだけを分解しながら、作品の成分は良好な状態でそのまま残せるよう、細菌の細かい調整が必要になる。細菌を用いる美術品修復という新しい分野では、バイオテクノロジーが大活躍するかもしれない。

細菌の遺伝子を操作して、芸術好きな細菌にターゲットを定めた抗生物質を分泌させることも可能だろう。いつかは、遺伝子組み換え生物（GMO）が芸術作品の表面にたまった特定の物質だけに働きかけ、その物質がなくなった時点で活性化する遮断遺伝子によって働きを止めるようになる日もくるだろう。そうこうするあいだも、ローマのコロッセウムを、そしてたぶんモナリザを、細菌はじわじわと攻めつづけている。

5　1個の細胞から生まれた一大産業

バイオテクノロジー産業が誕生したのは1970年代の後半で、そのころ、生物学者の起業家が利益を得るために微生物を利用しはじめた。新しく設立されたジェネンテック社は1977年に、遺伝子操作をほどこした大腸菌からソマトスタチンという成長速度を調整する働きをもつホルモンを生産することに成功し、商業市場にその第一歩を踏みだしている。こうして大腸菌を利用できるようになるまで、ソマトスタチンを手に入れるには、食肉用に解体されたウシに頼るしかなかった。

互いに無関係の異なる生きもののあいだでの遺伝子の移し換えにはじめて成功したのは1972年、スタンフォード大学のポール・バーグの研究室だ。バーグは、異なるふたつのウイルスから取りだしたDNA分子を組みあわせて、ハイブリッドDNAを作った。その翌年には、ハーバート・ボイヤーとスタンリー・コーエンがヒキガエルの遺伝子を大腸菌に入れることによって、遺伝子導入の境界をさらに広げている。ここで最も重要なのは、遺伝子を組み換えられた大腸菌が次の世代にも新しい遺伝子を伝え、大腸菌の遺伝子の新しいコピーを作るたびに、組み換え後の新しい遺伝子を複製することだった。こうしてボイヤーとコーエンが組み換えＤＮＡを生みだしたことにより、世界初の人間の手による遺伝子組み換え生物が誕生したのだった。

バイオテクノロジー研究者のなかには、自分が研究している科学のはじまりをもっと広い目でとらえ、細菌や酵母菌が人間のために最初に利用された例を引きあいに出す者もいる。この基準に従うなら、バイオテクノロジーがはじまったのは紀元前６０００年で、このころ人々は酵母発酵を利用して飲みものを醸造する方法を見つけた。だが実際的に考えれば、微生物、植物、動物の遺伝子を操作する科学は、科学者たちがはじめてＤＮＡを切断し、そこに無関係な生きものの遺伝子を挿入した時点で出現したと言える。そして企業が大量の遺伝子組み換え生物を育て、組み換えＤＮＡから最初の商品を作ったとき、バイオテクノロジー産業が誕生した。

バーグ、ボイヤー、コーエンは、それまでに遺伝学で進められたさまざまな研究の成果がなければ、遺伝子操作を追究する新しい科学の扉を開けることもなかっただろう。１８６９年、ヴァルター・フレミングが真核細胞から粘り気のある物質を取りだし、染色質（クロマチン）と名づけた。これがその後、関連するタンパク質とともに、染色体と呼ばれるようになる。ほとんどの細菌の染色体は、１個のＤＮＡ分子が細胞の密度の高い部分にぎっしり詰めこまれたものだ。（これはＤＮＡパッキングと呼ばれている。）細菌には、真核生物が大きいＤＮＡ分子をまとめるのに使っているヒストンというタンパク質がない。真核生物がもつ染色体の数は、１本から複数までさまざまだ。真核生物では、染色体とミトコンドリアにあるＤＮＡをあわせたものがゲノムを構成する。細菌の場合、ＤＮＡとプラスミドをあわせてゲノムになる。

１９００年代初頭に、コロンビア大学の遺伝学者トーマス・ハント・モーガンがショウジョウバエを使った実験によって、生きものの遺伝子が染色体（すなわちＤＮＡ）上にあることを明らかにした。それから50年足らずののち、分子生物学を研究していたアメリカ人のジェームズ・ワトソンとイギリス人のフランシス・クリックが、ＤＮＡ分子の構造を解明している。

ＤＮＡの構造は、「はしご」がらせん状にねじれたようなものだ。長く連なった骨格（２本の鎖）はデオキシリボースという糖でできていて、それぞれにはしごから外向きに伸びるリン酸基（１個のリン原子に４個の酸素原子が結合したもの）がついている。デオキシリボースのリン酸基と反対側には、窒素を含む塩基がついている。塩基ははしごの内側を向いて突きだし、２本の鎖のそれぞれから出ている相補的な構造をした異なる塩基どうしが化学結合でつながって、はしごの横棒にあたる部分を構成している。この結合は水素結合と呼ばれるもので、他の種類の化学結合にくらべ、弱い力で原子どうしを結びつける。

自然界がＤＮＡでアルファベットのように基礎的な構成要素として用いている塩基は、たった４種類にすぎない。アデニン、チミン、シトシン、グアニンというこれら４種類の塩基を、生物学者はそれぞれＡ、Ｔ、Ｃ、Ｇという省略形で呼ぶ。ＤＮＡのなかに並んだこれらの塩基の配列が遺伝子の構造を決定していて、遺伝子は塩基の短い断片ということになる。生きもののなかのＡ、Ｔ、Ｃ、Ｇの正確な配列が、その生きものの種を決定づける全遺伝情報をもっていると同時に、個々の生きものをそれぞれ独特の、唯一の存在にしている。ＤＮＡの構成はすべて異なっている。

ポール・バーグをはじめとした先進の分子生物学者たちは、制限エンドヌクレアーゼと呼ばれている酵素を用いて鎖を切断することによって、最初のハイブリッドＤＮＡを作りだした。（制限エンドヌクレアーゼは、侵入してくるファージによって細胞に持ちこまれる異質のＤＮＡを壊す目的で、細菌のなかで進化したものだ。）ＤＮＡ分子のなかにできた切れ目に、別の生きものの遺伝子を1個、あるいは複数個、挿入する。

わずか4文字しかないアルファベットでは、地球上のあらゆる生きものの遺伝的な形質をすべて伝えるには不十分のように思える。自然はこの問題を解決するために、3個の塩基の並びを、遺伝コードと呼ばれる遺伝情報の単位として用いることにした。3個の塩基の組みあわせ（トリプレット）がコドン（遺伝コードの単位）であり、それぞれのコドンが天然アミノ酸のどれかひとつをあらわしていて、すべてのタンパク質の構成要素となる。動物、植物、微生物のどれに属しているかに関係なく、すべてのタンパク質だ。天然のタンパク質に使われているアミノ酸はたったの20種類だが、タンパク質によって長さがさまざまに異なり、およそ１００個のアミノ酸がつながったものから、1万個を超えるアミノ酸でできているものまである。３文字のコドンは、わずか4文字で作られる遺伝子に全情報を詰めこむという自然の能力を高める役割を果たしている。タンパク質の長さが異なることで、単純な微生物から複雑な人間まで自然界のすべてを定義できる可能性がさらに広がる。それればかりか遺伝コードは、かつてこの地球上に生きていたが今では絶滅してしまったあらゆる生きものまでも定義する。

1個の塩基が1個のアミノ酸をコードしている場合を想像してみよう。タンパク質には4種類を超えるアミノ酸を含むことはできなくなる。コドンが2個の塩基でできていたなら、指定できるアミノ酸の数は4^2で16種類までだ。もう1個だけ塩基を加えることによって、4個のアルファベットが定義できるアミノ酸の最大数は4^3の64種類まで増える。こうしてＤＮＡの3文字のコドンは重要なアミノ酸すべてを識別できるうえに、まだいくつかのコドンが予備として残る。自然はものごとをできるだけ単純な方法ですませようとするので、3塩基のコドンでできる仕事をするのに、4個、5個、あるいはそれ以上長い塩基のコドンなど作る必要はない。

20種類のアミノ酸を指定したあとに余った44のコドンの一部には、「ここから遺伝子がはじまる」とか「遺伝子はここで終わり」といった特定の意味が割りあてられている。遺伝コードには、英語の26文字のアルファベットとは違い、冗長性はあるがあいまいさはない。余ったいくつものコドンが冗長性を生み、ほとんどのアミノ酸にはふたつ以上の異なるコドンが対応している。たとえばアスパラギンというアミノ酸を示す綴りとして、ＤＮＡは2種類のコドン（ＡＡＵとＡＡＣ）を利用し、アルギニンやセリンというアミノ酸にはそれぞれ6種類の異なるコドンを利用する。それでもひとつのコドンが複数のアミノ酸を指定することはないので、遺伝コードにあいまいさは生まれない。それに対して、6文字で構成された「ＳＰＲＩＮＧ」という英語のアルファベットを考えてみよう。同じ綴りで、マットレスのなかにあるバネから、湧きでる泉、ピョンと跳ねる動作、季節の春まで、さまざまな意味をあらわしている。

冗長性があるおかげで生体システムは融通がきき、塩基の配列にちょっとした間違いが起きても、タンパク質の製造に使うための正しいアミノ酸に翻訳される。細胞には修復のシステムも備わっていて、コードをきちんと校正している。修復システムの酵素は、間違いのある塩基を除去し、はしごの横棒で組みあわせが正しくない塩基を修正し、DNAの傷ついた部分を復元する。

遺伝コードは、すべての生きものをつないでいる。単細胞の細菌から、最も複雑な生物——自己中心的な人間の目から見ると、人間——まで、あらゆる生きものが同じ遺伝子アルファベットでアミノ酸を、そしてタンパク質を定義しているのだ。遺伝コードはこのように普遍的な性質をもっているので、科学者は大腸菌を研究した成果から、人間の遺伝子について詳しく知ることができる。さらに、どの生きものも同じ方法を用いて細胞の構成成分を作りだしているから、その一貫性によって遺伝子操作の機会はほぼ無限大に広がっていると言える。

ヨーロッパの化学工業の業界リーダーたちは、化学的な製造工程を生物学的な工程に転換していく計画を立てている。（ただし、まだ遺伝子操作が化学工業にとってかわったわけではない。）ホワイト・バイオテクノロジーと呼ばれるこの新しいビジネスモデルは、今は高熱と有害な触媒が必要とされている製造工程を、細菌やその酵素で進めようとする。ホワイト・バイオでは、有害な廃棄物は生まれないし、使うエネルギーも従来の製造方法より少ない。アメリカで一般の人々に最も馴染みがあるバイオテクノロジー産業は、遺伝子組み換え生物の生産を進めている分野で、グリーン・バイオテクノロジーと呼ばれている。現在、バイオテクノロジー産業はそれぞれの対象分野によって色分けされるようになった。

グリーン・バイオ　微生物、農産物、樹木の遺伝子操作
ホワイト・バイオ　工業生産に対する微生物の酵素の応用
ブルー・バイオ　海洋生物を対象としたバイオ技術
オレンジ・バイオ　酵母の遺伝子操作
レッド・バイオ　医療分野における遺伝子治療、組織療法、幹細胞の利用

１９５０年代、企業は平時の経済に向けて経営の立てなおしを図った。化学工業は１９３０年代から成長をつづけ、１９５０年代には「日用雑貨」という新しいモットーで急成長をとげている。デュポン社は「より良い生活により良い製品を……化学の力で」というスローガンをかかげ、この業界の輝かしい未来とともに顧客の明るい未来を謳いあげた。そして化学の威力を示そうと、１９６４年のニューヨーク万国博覧会までに華やかなイベントを繰りひろげた。この産業が作りだす新しい薬や殺虫剤やプラスチックは暮らしの向上を約束する一方で、こうした製品の製造段階には厳格な品質管理が必要となる。おりしも、戦時中に培った物理と化学の技術が、化合物の組成を検査してその純度を測定するための新しい分析機器を作成する努力に振りむけられていった。ヒューレット・パッカード、バリアン・アソシエイツ、パーキンエルマーといった企業が、分析機器によってその要求に応えている。

アレクサンダー・フレミングの遺産は１９４０年代に生物学への新しい関心を呼びおこしたが、それにつづく大きな飛躍は、多くの人たちが考えたよりゆっくりやってきた。抗生物質の発見には、骨

の折れる手作業の試験が必要だった。微生物学者たちは土のサンプルを集めて、そこにいる菌類と細菌を見つけ、培養物から抽出物を探しだして、数百もの細菌で試験を繰りかえした。それは退屈だっただけでなく、実験室の試験では結果がさまざまに変化した。微生物学者が培養液を入れた10本の試験管に同じブドウ球菌を植菌すると、8本の試験管では菌が増えるが、1本では増えず、10本目には雑菌が混入してしまった。製薬会社の化学者たちは、既知の天然抗生物質の構造をもとに新しい抗生物質を合成し、製造の工程をスピードアップしていった。1950年代までには化学工業が、より短時間で新薬を見つける方法を提案するようになる。化学者に後れをとらないようにと、微生物学者には簡単ですばやく大量に増える、頼もしい微生物が必要だった。

大腸菌

1880年代に、ヨーロッパじゅうの町々で乳幼児の下痢が大流行し、何百人もの赤ちゃんが犠牲になった。オーストリアの小児科医テオドール・エシェリヒは、ほかの医師たちと同じように、患者を救うのに奔走すると同時に感染の原因を突きとめようと必死になっていた。糞便のサンプルから各種の細菌を取りだしてはいたものの、それが病気にどう関係しているのか、はたして病気に関係あるかどうかさえ、わからなかった。エシェリヒは1885年に医学論文を発表し、乳幼児の消化管に広く行きわたっている19種類の細菌を明らかにした。そのなかでも1種類は特に、どこにでも必ずあり、しかも数が多かった。そこでこれを（創造性のかけらもなく）「一般的な大腸の細菌（*Bacterium coli commune*)」と名づける。ただしこの微生物は1919年に、発見者に敬意を表してその名をとり、エシェリヒア・コリ（*Escherichia coli*）と改名された。

大腸菌の生理機能に、注目すべきところは何もない。役立つ酵素やほかにはない酵素を排出することもないし、抗生物質も作らない。生まれたての赤ちゃんの腸管にあるのは大部分が大腸菌だが、少しずつ別の細菌が増えて、大切な消化の微生物反応を示すようになる。たとえば偏性嫌気性菌は、タンパク質、脂肪、炭水化物の分解を助ける大量の消化酵素を出す。またこれらの細菌は繊維質もある程度は消化するとともに、宿主の代謝に利用されるタンパク質とビタミンを合成する。大腸菌は、偏性嫌気性菌ほどは消化活動に役立たないが、酸素があればそれを使い、酸素が不足している場所では酸素なしで生きられる通性嫌気性菌なので、その最大の役割は嫌気性菌が繁栄できるように酸素を使いはたすことにある。

エシェリヒはおそらく、大腸菌が実験室の培地であっという間に大量に増えることに気づいたことだろう。この種は幅広い栄養素を利用でき、特別な培養は必要ない。大腸菌が入ったフラスコを実験台の上にひと晩出しっぱなしにしておけば、翌朝には培地をびっしり埋めた菌が出迎えてくれるはずだ。大腸菌がおよそ10時間で達する密度まで増殖するには、消化管にいる偏性嫌気性菌なら3日以上かかる。

19世紀が終わるまで、医師たちは乳幼児の下痢の問題を解決することができず、世界中で乳幼児の死亡率を高める大きな原因のままだった。それでも、成人の腸の病気を治療するには大腸菌が役立つかもしれないという考えはあった。ドイツのフライブルクでは、医師のアルフレート・ニッスルが、下痢、けいれん性の腹痛、吐き気などの腸の不調に大腸菌を利用しようと計画した。これは、いわゆる「細菌療法（バクテリア・セラピー）」で、ニッスルは生きている大腸菌を病人に投与することによって、病原性の微生物を消化管から追いはらうことができると確信していた。

１９１５年から１９１７年までのあいだに、ニッスルは大腸菌の菌株をペトリ皿でさまざまに混合して、チフスの原因菌であるサルモネラ属に対する効果を試した。ある混合がサルモネラ属より強いように見えれば、それを別の病原菌に試してみた。ついに最強の大腸菌株と考えられる細菌「カクテル」を調合し、なみなみならぬ勇気をふるってそれを飲み干す。自分のからだに有害な影響がなかったとわかると、ニッスルは重大な医学的発見に向かって進みつつあると感じた。

ニッスルが大腸菌の実験をつづけていたころ、ドイツ軍は深刻な赤痢の流行に悩まされていた。第一次大戦中だったヨーロッパ全土の、どの国でも同じ状況だった。汚れた水、傷んだ食べもの、極度の疲労が、塹壕にひそむ男たちだけでなく一般市民の体力をも奪っていた。ニッスルは１９１７年に、実験室で見つけた菌株よりもっとよく効くスーパー大腸菌を探そうと、ふたつの野戦病院を訪れている。すると、あるテントで、まわりじゅうの兵士が下痢に苦しんでいるのに、からだじゅうに傷を負いながらもまったく下痢をしていない下士官に出会う。ニッスルはこの兵士から採取した大腸菌を培養し、フライブルクに戻った。

アルフレート・ニッスルはその大腸菌をフラスコで増やしてから、ゼラチンカプセルに注いだ。軍隊の兵士全員にカプセルを供給する作業に忙殺されるようになると、ダンチヒにある会社にその製造を委託する。新しい下痢止めカプセルは、ミュタフロールと名づけられた。ヨーロッパでは１９４５

年まで戦時の大混乱がつづき、ニッスルは製造拠点を何度か変えなければならなかったが、ミュタフロールの生産が中断することはなかった。この薬は消化器の不調に効くプロバイオティクス（人の腸内細菌のバランスを保つために有益な微生物と、それらの増殖を促進するもの）治療薬として、今でも市販されている。ここに含まれている「大腸菌ニッスル１９１７」は、ニッスルが１９１７年に戦場で分離培養したスーパー大腸菌の直接のクローンから作られたものだ。ニッスルがドイツ微生物菌株保存機構に提出したオリジナルの菌株が、ブラウンシュヴァイクの保管場所に今も残されている。

１９２２年にはスタンフォード大学の微生物学者たちが、変わった特徴をもつ、成長の速い別の大腸菌を見つけた。それは人間にとって無害な、つまり病原性のない大腸菌で、「K－12」として同定された。K－12は教育や研究を行なう実験室で定番となり、まもなく別の大学でも利用されるようになっていく。のちにノーベル賞を受賞するジョシュア・レーダーバーグとエドワード・テイタムは、遺伝子がどのようにして情報を運ぶか、また生きものはこの情報をどんな仕組みで交換するかの研究をはじめるにあたり、実験用の生きものとして当然のようにK－12を選んだ。大腸菌は遺伝学とバイオテクノロジーの発展に、永遠に結びつけられたことになる。

K－12がはじめて実験に用いられて以来、この細菌の３０００を超える異なる突然変異体が、細胞の代謝作用や生理機能、遺伝子の研究に利用されてきた。ゲノム配列がはじめて明らかにされた細菌のひとつにK－12も含まれ、その４３７７個の遺伝子の全配列が１９９７年に公開された。過去50年間に、大腸菌、おもにK－12を使った研究にもとづいて贈られたノーベル賞は、14にのぼっている。

クローニングの威力

１９７０年代までに、微生物学者は大腸菌を徹底的に研究し、増殖、酵素、病原性を詳しく調べあげた。化学工業は、新たな環境汚染が発覚するごとに少しずつ輝きを失っていったのに対し、生物学はクリーンで静かなうえ、環境汚染を起こさないことから、人々の目にはふたたび未来の科学と映るようになっていた。

バイオテクノロジーが生まれたばかりのころ、「クローニング」という言葉が、この新しい技術の力をあらわす決まり文句になった。それはたったひとつの遺伝子を取りだすことによって、その生きものとまったく同じコピーを無数に作る力だ。大腸菌は生きた中継基地となり、そこで次のような一般的な手順によって遺伝子のクローンが作られた。

1　望ましい形質（遺伝子）をもつ生きものから、ＤＮＡを取りだす。
2　制限エンドヌクレアーゼ（ＲＥ）と呼ばれる特殊な酵素を用いて、ＤＮＡを切断し、もっと小さい多数のかけらにする。
3　大腸菌のプラスミドを取りだして、別のＲＥでその環状の構造を切りひらく。
4　さまざまなＤＮＡの断片を、数多くのプラスミドに挿入する。
5　細菌の細胞内にプラスミドを戻す。
6　すべての細菌を増殖させてから、選別試験（スクリーニング）によって、望ましい遺伝子をもつ細胞を見分ける。

7　その遺伝子をもつ細胞を大量に増殖させる。これをクローニングと呼ぶ。
8　その遺伝子が制御する産物を収穫する。

バイオテクノロジーがはじまったばかりのころ、科学者たちは苦心して、これらの手順をひとつずつ確立していった（図５・１）。分子生物学者は細胞からＤＮＡを取りだす際に、この大きい分子をバラバラにしない技を完成させた。次に、ＤＮＡ分子に別の種類のＤＮＡ分子から取った新しい断片を結合させるテクニックをあみだし、さらに新しい遺伝子組み換え生物でそれがどう活動するかをテ

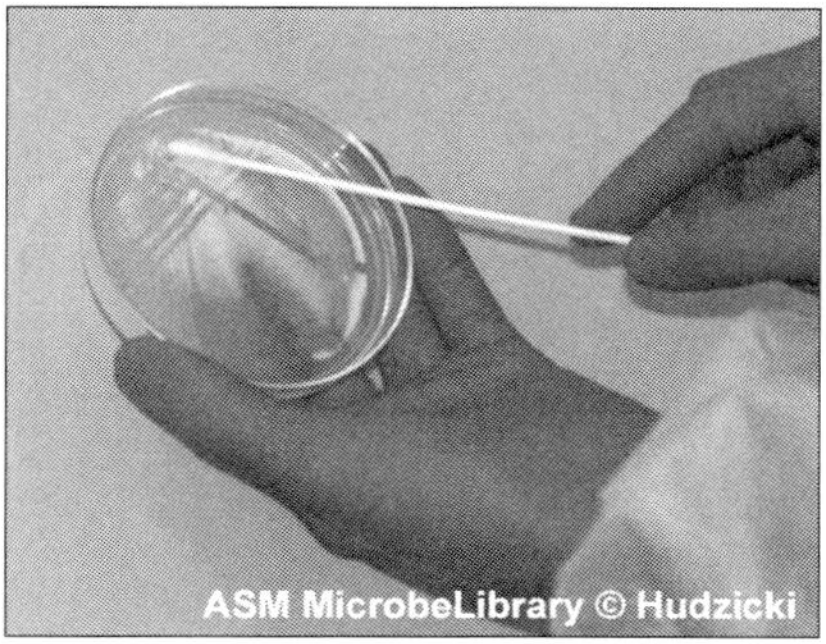

図５・１　環境調査、医療、産業、学問研究と、どの分野にたずさわる微生物学者も、同じ無菌操作を用いている。このような規律は、細菌の遺伝子構造を操作するバイオテクノロジーから生まれたものだ。（アメリカ微生物学会の許可を得て転載。MicrobeLibrary（http://www.microbelibrary.org））

ストする手法も開発した。ところが科学者たちは、お気に入りの細菌である大腸菌が、プラスミドを細胞内に取りこむのに抵抗することにも気づく。プラスミドの取りこみは、形質転換と呼ばれる遺伝子組み換え技術にとってなくてはならない手順だ。大腸菌にＤＮＡを導入する簡単な方法がなければ、遺伝子実験の多くは不可能になってしまうだろう。だが１９７０年にモートン・マンデルと比嘉昭子が、カルシウムイオンによってＤＮＡの細胞膜の透過性を高められることを発見し、この窮地を救った。冷やした塩化カルシウム溶液に大腸菌を24時間浸しておくと、大腸菌は20倍から30倍もプラスミドを取りこみやすくなる。外部からプラスミドを取りこみやすい状態になっている細菌は、コンピテントセル（形質転換受容性細胞）と呼ばれており、バイオテクノロジーの研究者は今ではこの単純な手順を利用して、大腸菌が形質転換を起こせるようにしている。

バイオテクノロジー研究の初期には、細菌のクローニング（かつては遺伝子スプライシングと呼ばれた）が、大量の遺伝子や遺伝子産物を生みだす唯一の方法として役立っていた。細菌は、細胞が真ん中から分かれてふたつの新しい細胞を作る二分裂という方法で増えるたびに標的遺伝子を複製し、無数のコピーを作っていく。その後、科学者たちはバクテリオファージを利用する方法を開発し、遺伝子を細胞のＤＮＡのなかに直接導入するようになった。ウイルスが増殖する手口は、細胞のＤＮＡ複製システムを乗っとるというものだから、細菌のＤＮＡに外来の遺伝子を入れる方法としてうってつけだ。さらに次には、もっと速くＤＮＡを増幅する方法として、ＰＣＲ（ポリメラーゼ連鎖反応）が登場する。

バイオテクノロジーで利用される微生物は今では大腸菌が主流だが、ほかにもサッカロミセス・セレビシエ（*Saccharomyces cerevisiae*）という酵母菌やバチルス・サブティリスという細菌も、組み換えＤＮＡ技術に大きく貢献するようになった。バイオテクノロジー企業は前述の基本的なクローニングの仕組みを酵母や細菌に用いて、表５・１のような薬品を製造している。

バイオテクノロジー企業は、１０００リットルから1万リットルあまりの容量がある巨大な発酵タンクで製品を製造している。そうした企業の技術者たちは、1リットルにも満たない少量の細菌培養物を、まず10リットルほどの発酵槽にまで増やす。こうして培養の規模を適度に拡大したあと、生産工場の作業員たちがその遺伝子組み換え生物を１０００リットルから1万リットルの容器で育て、生産規模をさらに大きくしていく。製造業の生産工程はアップストリーム（原材料から始まる前半の工程）とダウンストリーム（商品に至るまでの後半の工程）に分けられるが、大量生産にこぎつけるまでのこれらすべての活動はアップストリームの工程だ。ダウンストリームの工程を監視するのは別の技術者チームで、目的のものを分離、精製し、不純物のない清潔な最終産品を容器に入れて完成させるまでのすべての段階を引きうける。はじめてこうした大量生産に成功したバイオテクノロジー企業は、どちらもカリフォルニア州にあるジェネンテックとアムジェンの2社だった。

１９９６年にはスコットランドのロスリン研究所の科学者たちが、成熟した動物のＤＮＡを用いた世界初の哺乳動物（ヒツジ）のクローン、「ドリー」を誕生させる。このニュースを耳にして、一般の人たちも多くの科学者も、次は人間のクローンが作られるのではないかという不安を隠さなかった。カリフォルニア大学サンフランシスコ校の幹細胞研究者レニー・レイホ・ペラは、次のように述べている。「科学は大きくふたつに区切ることができると言ってもいいでしょう。ドリー以前と、ドリー

大腸菌を利用しているもの
インターフェロン（抗ウイルス剤や抗癌剤）
コロニー刺激因子（化学療法の副作用緩和、白血病の治療）
成長ホルモン
インスリン（糖尿病の治療）
インターロイキン（腫瘍および免疫障害の治療）
レラキシン（分娩時の補助薬）
ソマトスタチン（先端巨大症、骨の成長障害の治療）
ストレプトキナーゼ（血栓を減らす抗凝血剤）
タキソール（卵巣癌の化学療法薬）
腫瘍壊死因子（腫瘍細胞を壊す）

他の微生物を利用しているもの
アンチトリプシン（肺気腫の治療）
抗血友病因子（血友病の治療）
骨形成タンパク質（新しい骨の形成を促進）
カルシトニン（血中カルシウム濃度の調整）
エリスロポエチン（貧血の治療）
成長因子（傷の再生）
Ｂ型肝炎ワクチン
マクロファージコロニー刺激因子（癌の治療）
パルモザイム（嚢胞性線維症患者の粘液性分泌物の分解）
血清アルブミン（血液の補助）

表５・１　バイオテクノロジーによって作られている主要な製品

以後に。」ただし、高等動物のクローニングと遺伝子組み換え生物を生みだすための細菌のクローニングには、ほとんど共通点がない。ドリーは、成熟したヒツジの乳腺細胞の核（動物のゲノム全体が含まれている場所）を、別のヒツジの（核を取り除いた）卵細胞に移植する方法で生まれた。これまでに、ウシ、ヤギ、ブタ、ラット、マウス、ネコ、イヌ、ウマ、ラバのクローンが同じようにして作られている。

動物のクローンを作る目的は、もとの動物とあらゆる点で等しい、新しい動物を生みだすことにある。そのために、ゲノム全体を新しい動物で再現する方法を探っている。それに対して細菌の場合の遺伝子のクローニングは、1個または複数の遺伝子のコピーを、短時間で数多く作る単純な方法として役立っている。つまり、動物のクローニングは新しい動物のコピーを作り、細菌のクローニングは新しい遺伝子のコピーを作る。細菌細胞のDNAに1個以上の遺伝子を挿入し、それから数世代にわたってその細胞を増やしてやれば、細菌は短時間で増殖するので、微生物学者はひと晩のうちに「新しい」DNAの無数のコピーを作ることができる。

連鎖反応

1983年のある春の日の夕暮れどき、生化学者のキャリー・マリスはサンフランシスコ近郊の勤め先、シータス社を出ると、カリフォルニアの静かなアンダーソン・ヴァレーにある自分の小屋に向かって車を走らせた。当時といえば、サンフランシスコのベイエリアでバイオテクノロジーという新しい科学の種まきがはじまったばかりのころだ。分子生物学者はすでに、酵素を使ってＤＮＡを切りひらき、関係のない生きものから取った遺伝子を導入する方法を手にしていた。ところが細菌のクローニングによって新しい遺伝子の集まりを生みだす作業にはかなりの手間がかかり、細菌を培養しても、求めるＤＮＡはほんのわずかしか作れなかった。マリスは１２８号線をドライブしながら、この問題についてあれこれ考えをめぐらせた。そのときふと、温泉に生息し、ほかのほとんどの酵素を溶かしてしまうような高温でも活動する酵素をもつ細菌のことを、どこかで読んだのを思いだした。小屋に到着するまでに、キャリー・マリスは生物学に革命を起こすことになるアイデアを完成させた。

１９６６年には高名な微生物生態学者のトーマス・ブロックと大学院生だった助手のハドソン・フリーズが、イエローストーン国立公園のマッシュルーム・スプリングという熱泉の過酷な条件のもとでも生きている細菌を発見していた。ふたりはその種をサーマス・アクアティクス（*Thermus aquaticus*　短縮形はＴａｑ）と名づけ、その培養菌をワシントンＤＣの近くにある国立の細菌保存機関に送った。さまざまな微生物学者がこの好熱菌と、菌がもつ酵素を研究したものの、何かの役に立つ性質という点ではほとんど得るものがないように思われた。だがマリスは、このＴａｑにほんとうはきわめて重要な特性があるのではないかと考えたのだった。

温度が華氏２００度（93・３℃）に近づくにつれ、ＤＮＡは安定を失って変性し、バラバラになる。つまり通常の２本鎖の構造をもたなくなり、１本ずつの鎖がふたつに分かれたものになってしまう。マリスは研究室に戻ると、ＤＮＡの混合物の温度を上げて分子を変性させてから、プライマーと呼ばれるＤＮＡの断片とＴａｑから抽出しておいたＤＮＡポリメラーゼという酵素を加えた。次に温度を華氏154度（67・7℃）まで下げてやると、ポリメラーゼはもとのDNAの1本鎖とプライマーを使ってDNAの新しいコピーを作りはじめる。マリスは混合物を熱しては冷やす処理を何度も何度も繰りかえすことによって、新しいDNAのコピーを20分間でおよそ100万個、30分間でおよそ10億個も作ることができた。このようにDNAのひとつの小さい断片から何百万というDNAのコピーを生産する方法を、分子生物学者は遺伝子増幅と呼んでいる。マリスの発明の手がかりとなったのは、TaqのDNAポリメラーゼだった。この酵素はとても高い温度まで何度熱しても活動しつづけ、冷やしてやると（それでもまだ高温にはちがいないが）、DNA合成の手順をきちんと実行するからだ。

ポリメラーゼ連鎖反応（PCR）と名づけられたこの新しい手法によって、微生物のDNAのどんな断片でも分析できるようになった。マイケル・クライトンは1990年に出版した小説『ジュラシック・パーク』で、PCRの驚異的な潜在能力に注目し、古代の琥珀のなかに残されていた恐竜のDNAを科学者が増幅させるという物語を書いている。PCRは長いあいだ自然界に潜んでいたDNAのかけらを増幅できるとしても、『ジュラシック・パーク』のように絶滅した生きもののゲノム全体を再現するなど、映画が公開された時点ではとても信じられなかった。DNAの壊れてなくなってしまった部分を、正しく埋めることはできそうもなかったからだ。今ではコンピューター・プログラムが、DNAの失われた部分に最もありそうな塩基配列を計算して、傷ついたDNAの隙間を埋めることができる。このようなプログラムの威力が増すにつれ、絶滅した生きもののDNAを再現する正確さも増してくる。

テレビの犯罪ドラマでは、刑事が「このDNAをすぐ分析しろ！」と命じると、科学捜査員が大急ぎで応じ、数分のうちにはコンピューターの画面に悪者の名前が（最新の顔写真といっしょに）映しだされる。こうした場面は生体物質を解析するＰＣＲの威力をあらわしているわけだが、実際にＰＣＲの全工程を終えるには、もっと時間がかかる。技術者がまずＤＮＡとプライマーとポリメラーゼの混合物を用意する。そして加熱と冷却を繰りかえす装置（サーモサイクラー）を使って少量のＤＮＡを増幅するには、最低でも2時間はかかる。さらにその後、科学者がＤＮＡのサブユニットまたは塩基の配列を決定しなければならない。それには自動塩基配列決定装置（ＤＮＡシーケンサー）を使って24時間、装置がなければ手作業で最高３週間が必要だ。

米食品医薬品局（ＦＤＡ）などの政府機関は、犯罪捜査にＰＣＲを利用するようになっている。２００９年はじめにはＦＤＡが、ピーナッツバターを使った３９００種類におよぶ食品のリコールを開始した。約７００人が体調不良を訴え９人が死亡した、全米にわたるサルモネラ菌食中毒を引きおこした疑いだった。微生物学者が製品で見つけた細菌のＤＮＡをＰＣＲ法で増幅し、その病原菌に固有の配列を突きとめた。この「ＤＮＡの指紋」を手がかりに、米疾病管理予防センター（ＣＤＣ）の調査官がジョージア州ブレイクリーにあるピーナッツバターの製造工場を調査する。屋根の雨漏りのせいで、サルモネラ菌を含んだ鳥の糞で汚染された雨水が食品加工の装置に直接、おそらくピーナッツバター・ペーストにも直接、ふりかかっていた。現在では、ひとりの人の糞便サンプルから取りだしたひとつの病原菌株の出所として、どの農園なのか、包装工程のどのシフトだったたか、さらには、農場のなかのどの畑なのかまでたどることができる。

犯罪をお蔵入りにしないために、サンプルを短時間で解析できる方法として、リアルタイムＰＣＲ

が登場した。リアルタイムＰＣＲでは、サーモサイクラー内のＤＮＡの増幅をリアルタイムで測定するので、従来のＰＣＲのようにサーモサイクラーでできた最終産物の解析に、さらに数日をかける必要がない。リアルタイムＰＣＲは、絶滅が心配されている動物の皮や内臓、角、羽毛、甲羅、さらにキャビアなどを売買する世界的な密猟グループとの戦いに役立ってきた。密猟の容疑者の衣服に飛びちったほんのわずかな動物の血からでも、事件を解決できる。闇で取り引きされた象牙を分析し、アフリカの特定のゾウの群れ、ときには特定の家族まで、たどることができる。

キャリー・マリスはＰＣＲ法を開発した功績で、１９９３年にノーベル化学賞を受賞した。その直後、変わり者としても知られるマリスは、ＨＩＶがエイズの原因ではないと主張する運動に加わっている。

街角の細菌

バイオテクノロジーは、発展するにつれて矛盾を抱えるようにもなった。たとえば、微生物学を専攻する大学院生で、何らかの遺伝子配列決定（シークエンシング）や遺伝子操作を経験せずに卒業する者はほとんどいない。ところがそうした学生の大半は、大腸菌以外の完全な細菌細胞を培養する機会に触れることがまったくなく、生きた細胞を扱うより、細菌をバラバラに分解することに長い時間を費やしている。バイオテクノロジーのビジネスにも同じような二面性がある。この技術が生まれたばかりのころ、その支持者たちは、遺伝子のクローニングによって人間の最悪の病を治す道が開けたと大げさに褒めちぎった。

一方で反対派は、これで私たちの知る自然は永遠に失われるだろうと考えた。政府の指導者たちは、新技術で世界をリードするアメリカの有利な立場を十分に認めながらも、これからおそろしい生きものが生まれでるのを阻止しなければならないと頭を痛めた。

さまざまな思惑が入り乱れるウォール街は、新たな産業をわずかに信用しただけで、バイオテクノロジーに諸手をあげて飛びつくことはなかった。一般の人々が安全性に不安を抱いていては、投資は魅力的なものにはならなかった。バイオテクノロジー用の装置ではなく、タンパク質と細胞を扱うとなれば、ビジネスモデルも新しかった。バイオテクノロジー企業が市販できる製品とは、いったい何だろうか？　ホルモンを作れる細胞なのか、ホルモンをコードする遺伝子なのか、それともホルモンそのものなのか。米最高裁判所は１９８０年に、遺伝子操作をほどこした細菌に特許をとれると判定し、当時の混乱を鎮める役割を果たしている。

１９９０年代のはじめになると、バイオテクノロジー株はウォール街のハイテク関連株の波に乗った。ところが90年代なかばまでには、わずかな利益しか手にできなかった投資家の心が離れ、バイオテクノロジー熱は冷めてしまう。この技術で薬を作るのは容易ではなかった。遺伝子組み換え生物の大規模な生産工程では、ベテランの微生物学者さえ驚くような結果が生まれることもあった。細胞の突然変異、雑菌の混入、細菌がもつ代謝経路を変えられる力によって、当初の進展は遅れた。バイオテクノロジーの最大の欠点は、この新技術が人間を救おうとしているのか、殺そうとしているのか、人々が判断しかねているという事実にあった。

アメリカの著名な投資家であるウォーレン・バフェットは、完璧な製品としてタバコをあげ、次のように解説している。「1セントで作って、1ドルで売れる。そして中毒性がある。」ドットコム産業は、まさにこの原理にもとづいて発展した。だがバイオテクノロジーは、バフェットの3つの基準にはほど遠い。従来の薬品と同じで、多額の研究費用がかかり、被験者を使った臨床試験を延々と行なわなければならない。新しい抗生物質のように、薬によっては費用が膨大すぎて開発さえできない。コンピューター技術なしで生活するなど見当がつかないという人でも、バイオテクノロジー製品なしの世界ならあり得ると思うだろうし、想像することもあるだろう。実際アメリカでは、この世界に遺伝子組み換え生物などないほうがよいと思う人の数が増えている。遺伝子組み換え生物は必要なのだろうか？　遺伝子組み換えをしたトマトはおいしいが、組み換えしていない有機トマトだっておいしい。遺伝子組み換えをした細菌は海に流れだした原油を分解してくれるが、油まみれになった波や砂にもとから住んでいる細菌だって、分解する力をもっている。

バイオテクノロジーは1989年3月24日に、目的をもって環境に放たれた遺伝子組み換え生物の価値を世界に見せつける、絶好の機会を手にした。その日、原油タンカーのエクソン・ヴァルディーズ号がアラスカ州プリンス・ウィリアム湾で座礁し、推定で1100万ガロンの原油が海面に流出した。おりからの強風にあおられて、泡だった400万ガロンの原油は海岸に打ちよせ、海洋生物、陸生生物、鳥類が暮らす2000キロにわたる浜辺を覆う。それと同時に、この地域に大量に流れこんだ栄養素に反応して、海洋細菌が急増した。原油は精製された石油とは異なり、細菌にとって消化しやすい炭素源となるからだ。だが合衆国政府は、管理できない方法で環境に遺伝子組み換え生物を放すことを許可しなかったので、微生物学者は原油を分解するよう遺伝子操作を加えた増殖の速い細菌を、現場で働かせることはできなかった。その代わりに「バイオオーグメンテーション（生物増強）」という手段を用いて、微生物を活用した史上最大の汚染浄化プロジェクトを実施することになる。

米環境保護庁のジョン・スキナーは流出事故の直後、「要するに、油を分解するのに必要な微生物はすべて、もう海岸にいる」と指摘した。そこで微生物学者は土壌に窒素とリンを追加し、細菌の成長速度を加速させた。実験室の試験管に入った栄養豊富な培養液で細菌がよく育つように、土着細菌も栄養素の追加による環境の増強に応えた。海岸地帯の土着細菌（おもにバチルス属）の生物増強は、原油の分解速度を少なくとも6倍に高めたとみなされている。

燃料、農薬、工業用溶剤、有毒な金属化合物を分解する土着細菌の遺伝子を導入した遺伝子組み換え生物は、世界中の微生物実験室で開発されている。しかし政府機関は、遺伝子組み換え生物を実験室での研究に限定し、実際の環境災害に利用させないことによって、この発展を遅らせてきた。米環境保護庁は「バイオレメディエーション（生物を利用した環境修復）」という言葉を、遺伝子操作した菌株ではなく、操作されていない土着細菌による汚染浄化に用いている。地域社会は近い将来、環境に有害物質を放置するか、その物質を浄化するために遺伝子組み換え生物を自然界に放すか、どちらかの選択を迫られることになるだろう。

バイオテクノロジーに批判的な人たちは、1万リットルのタンクいっぱいの細菌から食料を作る未来がくると警告してきた。経済・技術コンサルタントのジェレミー・リフキンは、細菌によって土と畑は過去のものになると忠告する。私には、そんなことが起こるとは思えない。リフキンは、従来の農業にとってかわるかもしれない遺伝子組み換え食品について警鐘を鳴らそうと、たとえ話をしているのではないだろうか。リフキンのウェブサイトには、「遺伝子操作を加えた数々の生きものを大量に環境に放てば、壊滅的な遺伝子汚染が起こり、生物圏は立ちなおれないほどの大打撃をこうむる「だろう」」という主張も見える。バイオテクノロジーは今、生命を救う新薬を開発し、環境を浄化するプロセスを発明しながらも、まだ厳しい批判に耐えなければならない。

人間のために微生物で食品を開発するという考えに関わっているのは、おもに単細胞タンパク質で、タンパク質補助食品として微生物の細胞を使おうというものだ。このような考え方は少なくとも20年前からあり、世界的な飢餓とタンパク質不足を緩和する方法として提唱されてきた。細菌からとる単細胞タンパク質は、ふたつの理由で実用には至らなかった。第一に、食品として大量に育てる細菌からは、それが生みだすかもしれない有毒物質や抗生物質を完全に取りのぞかなければならず、生産工程が複雑になって、コストが上がる。第二に、タンパク質豊富な食品として市販される微生物利用の製品は、多くの消費者に深刻なアレルギー反応を引きおこすことがあり得る。未来の世代の科学者たちが実用化の方法を見つけたとしても、細菌が従来の農業にとってかわることはない。地球には、細菌が必要であるのと同じくらい、緑の植物も必要だ。

バイオテクノロジーを批判する人たちは、自然生態系に侵入する遺伝子組み換え生物について警告を発しつづけている。細菌は究極の順応性をもっているから、逆境に強い。遺伝子組み換え生物が自然界で任務を果たすために必要な順応性を備えれば、その微生物は生態系を乗っとれるのだろうか？自然生態系には、細菌から高等生物までの互いに競争する種のあいだでバランスを保つ、絶妙な仕組みが備わっている。細菌は十分なすみかと栄養素と水を確保するために、数々の手段を利用していて、たとえば運動性、クオラムセンシング（菌体密度感知）、芽胞の形成、抗生物質の産生などがそれにあたる。遺伝子組み換え生物が生態系を乗っとるためには、競争相手をすべてやっつけなければならないわけだが、自然ははるか昔に、種のバランスを守って激しい変化に耐える仕組みを作りあげた。さらに、細菌は最初から、生き残りに役立てようと遺伝子を交換していることも覚えておくほうがいい。遺伝子導入や突然変異によって細胞のＤＮＡの一部になる新しい遺伝子は、ほとんどの場合、細胞に利益をもたらさない。遺伝子組み換え生物の遺伝子は、特定の仕事をするためだけに設計されているので、遺伝子組み換え生物が自然界を支配する可能性はありそうもない。

米国立衛生研究所（ＮＩＨ）は、遺伝子組み換え生物が誤って環境に入りこむ可能性を減らそうと、遺伝子組み換え生物に関する数百ページもの規制を発表している。こうした規則では、物理的、化学的、生物学的な戦術を用いて、組み換え微生物を封じこめる方法を定めている。現在の物理的封じこめ策には、生きた細胞が知らないうちに実験室を抜けだして生態系に入りこまないよう、遺伝子組み換え生物を安全に取り扱い、廃棄する方法も含まれる。まず、ＢＳＬ－４のキャビネットの規定に従った特殊な安全キャビネットを使用する。さらに、廃棄物を捨てる前には、そのすべてを滅菌する。また化学的な方法では、細菌が混入したかもしれない場所を殺菌するために、殺菌剤と放射線を使用する。けれども、化学薬品から逃れる細菌の抜け目なさ――遺伝子組み換え生物がバイオフィルムのなかに隠れた場合を想像してみるといいだろう――は、化学的封じこめ策の弱点を浮かびあがらせる。今のところ、遺伝子組み換え生物を環境のなかで安全なものにする生物学的方法が、最も有望な対策だ。

微生物学者は組み換えDNAに自滅遺伝子を加えることによって、細菌が自己破壊するよう操作することができる。自滅遺伝子は、遺伝子組み換え生物が任務を果たしたあと、その微生物を制御する。安全装置には、正の制御（ポジティブ・コントロール）と負の制御（ネガティブ・コントロール）のふた通りがある。どちらの場合にも、環境条件が変化するまでは自滅遺伝子が働かないよう、活性化因子（アクティベーター）という第二の化合物が遺伝子を抑制している。正の制御では、化学的刺激や一定温度などのその他の刺激が活性化因子に影響を与え、活性化因子は自滅遺伝子の抑制をやめる。それによって活性化した自滅遺伝子は、細胞内でアポトーシス（細胞自然死）と呼ばれる、あらかじめプログラムされた能動的な細胞死のプロセスを開始して、自らを死に追いやる。前の例にあげた1万リットルのタンクいっぱいに遺伝子操作をほどこした大腸菌を入れ、成長ホルモンを作っているとして、マグニチュード7・0の地震でタンクに亀裂が走り、細菌が漏れだしたとしよう。数百社ものバイオテクノロジー企業が集まっているカリフォルニアでは、ありそうな出来事だ。大腸菌はまたたくまに近くの土壌や川に入りこみ、生態系を傷つけるホルモンを作りだしてしまう。しかし、発酵タンクはふつう38℃程度に保たれているのに対し、細菌が22℃以下の気温にさらされたら自滅遺伝子が働くように設計されていれば、大腸菌は環境に漏れだしたとたんに自滅する。負の制御の場合は、環境の刺激が消えたときに働く。たとえば、汚染物質を分解するよう設計されたバイオレメディエーションの細菌は、汚染物質がなくなると、アポトーシスをはじめる。

大腸菌は、世界一多く遺伝子操作を加えられているだけでなく、ほかの遺伝子組み換え生物に自滅遺伝子も提供している。大腸菌ｇｅｆ遺伝子は、50個のアミノ酸が結合した（タンパク質の水準からすると小さい）タンパク質をコードし、いくつかの異なる細菌の種でアポトーシスを開始させる。ｇ ｅｆ遺伝子はすでに、黒色腫細胞と乳癌に対する治療や、組み換えシュードモナス属の制御用として研究されている。組み換えシュードモナス・プチダ（*Pseudomonas putida*）は、化粧品や薬品の増粘剤として利用されている安息香酸アルキルを分解する。この汚染物質が環境に残っているかぎり、大腸菌ｇｅｆ遺伝子を導入されたシュードモナス・プチダはそれを分解しつづける。そして汚染物質のレベルが下がると、ｇｅｆタンパク質が、シュードモナス・プチダの細胞膜でエネルギーを生成している電子の正常な流れを妨げる。こうして組み換えシュードモナス・プチダは自滅する。

生物学的封じこめ策は、遺伝子組み換え生物の細胞をその内部から制御するので、事故を防ぐ最もよい方法として期待されている。それでも、1世代で10万個から１００万個に1個のシュードモナス・プチダが突然変異し、ｇｅｆ遺伝子の働きに抵抗する。クローンが勝つか、ミュータント（突然変異体）が勝つか？　バイオテクノロジー研究者は、シュードモナス・プチダにふたつのｇｅｆ遺伝子を挿入して、「悪い」ミュータントに「良い」クローンが勝つ確率を少しでも高めようとし、抵抗する突然変異が発生する割合を10億分の1にまで減らしている。

炭疽症

大腸菌が世界一多く遺伝子操作を加えられている細菌なら、炭疽症の原因となる炭疽菌（*Bacillus anthracis*）は、世界一恐れられている細菌だ。炭疽菌はさまざまなウイルス、寄生虫、ほかの細菌、（細菌や菌類が作る）毒素とともに、生物（バイオ）テロの脅威のひとつに数えられている。炭疽菌の毒素は人に致命的な症状を引きおこすだけでなく、この細菌は芽胞を作る力をもっていて、ほかの病原菌よりも長く生き残れる。芽胞は細胞を生かしておけるうえ、化学物質、放射線、抗生物質から守る働きもするからだ。

炭疽菌は、はじめはほかの細菌と同じように実験室の培養菌として存在する。微生物学者が芽胞を作ろうとすれば、培養液を熱して細胞にストレスを加える必要がある。こうしてストレスを加えると、ものの数分で細胞は芽胞を作りはじめるだろう。さらに芽胞を凍結乾燥（フリーズドライ）させれば、茶色からクリーム色がかった白の粉にすることができる。粉の色は、細胞を育てるのに使っていた培地の種類によって決まる。

無臭で死をもたらす乾燥した粉は、特に2001年におそらく生物兵器として、封筒に入った炭疽菌が郵送された事件が起きて以来、アメリカに大きな不安をもたらしてきた。空港や公共の建物の保安係は、素性のわからない粉は炭疽菌の可能性があるものとして、目を光らせている。

だが生物兵器としてなら、炭疽菌よりほかの病原菌のほうが効果的だ。病原菌は皮膚の傷口や呼吸を通して体内に入ったときに病気を引きおこすが、生物兵器なら、呼吸ルートのほうが有望だろう。テロリストにとって皮膚の傷口ルートは実際的でなく、炭疽菌を食べものや飲み水に入れても、いわゆる希釈効果によって無力になる。地域社会の水道水や食料品は膨大な量があり、テロリストがどちらかに殺傷能力を保つほど大量の菌を混入させるのは難しい。芽胞が人に感染を起こすにはある程度の量が必要で、食べもの、特に水によって、無害なレベルにまで薄められてしまう。そのうえテロリストは、手間のかかる培養と凍結乾燥の作業を繰りかえして大量の芽胞を用意するのに、苦心するにちがいない。

たとえば2001年の炭疽菌郵送事件など、ほとんどの事件が呼吸による感染を狙ったものだったので、呼吸による感染はよけいに不安をかきたてた。しかし、菌を吸いこんだ人がすべて発病するわけではない。また、人から人への感染はしないので、かかっている人からうつることもない。炭疽菌は実験室で簡単に増やせるものの、その他のすべての性質からみて、生物兵器としてはあまり役に立たないだろう。だから世界一恐れられている細菌は、多くの人々が考えているような大規模な集団への大きな脅威とはならないのだ。

細菌がいつも必要な理由

ホワイト・バイオテクノロジーは、環境によい影響を与えながら細菌を産業に取りいれる方法として、最も期待される分野だ。現在は強い酸と有機溶剤を使っている処理を、細菌を使ってできるようになれば、河川や土壌や地下水に流れこむ化学廃棄物を大幅に減らすことができる。また、工業的な処理には数百度という熱を必要とするものが多く、大量のエネルギーを消費する。細菌は、腐食性の化学薬品の代わりに生分解性酵素を用い、適度な温度で、しかも静かに働く。微生物発酵から発する熱は、生産施設の別の工程に伝えることもできるから、全体のエネルギー使用量を減らすことができる。

ホワイト・バイオの原材料は細菌だ。化学薬品を満載して生産工場に向かうトラックや列車は消え、ホワイト・バイオ企業の近くに住む人々が目にするのは、凍結乾燥した細菌の小瓶を運ぶ人ひとりの姿だけになる。それだけの量から、細菌は自分の力で増えていく。実際、なぜ近代産業が有毒な材料と廃棄物で頭を悩ませているのか、古代人は不思議に思うのではないだろうか。細菌はすでに、人間が大切だとみなすほとんどすべての化合物を、プラスチックさえも、作っている。シュードモナス属の細菌はポリヒドロキシアルカン酸（ＰＨＡ）と呼ばれるポリエステルを、自然界の糖と脂質から作りだす。この細菌はこの大きい化合物を、炭素とエネルギーの貯蔵庫として、またバイオフィルムをつなぎとめる粘着性の結合剤として利用している。

産業界のＰＨＡに対する関心は、原油の値段に応じて高くなったり低くなったりする。石油はほとんどのプラスチックを製造する安い原料になるからだ。原油価格が高騰すると、ＰＨＡはシャンプー容器などのやわらかい容れ物を作る材料として魅力を増す。ただしＰＨＡを作る費用は、細菌を増やすための栄養とポリマーを取りだす方法にコストがかかり、けっして安くはない。

バチルス・メガテリウムとアルカリゲネス・ユートロファス（*Alcaligenes eutrophus*）は、自然界で最も豊富なＰＨＡであるポリヒドロキシ酪酸（ＰＨＢ）を作るさまざまな種の代表格と言える。細菌はストレスが強まるほど、多くのＰＨＢを産生する。細胞のまわりを保護する膜として利用するためらしい。細菌は非常に限られた環境条件のもとでのみ、ＰＨＢ産生の遺伝子を活性化することから、この自然の産物は化石燃料からできるプラスチックにくらべてとても高くつく。ＰＨＢはアレルギー反応を起こさず、しなやかなので、人間の組織と相性がいい。そこでＰＨＢは柔らかいチューブや点滴用の袋などの医療用品として最適だ。この生分解性プラスチックに有望な未来を切りひらくには、ホワイト・バイオが細菌の代謝作用の秘密を解きあかし、高い費用対効果でPHAを生産できるようにしなければならない。

さまざまな生産工程のなかには、産業革命の幕開け以来ほとんど変わっていないものもある。社会のあらゆる局面のなかで、昔ながらの工程を将来も持続可能な方法に改変するのが最も遅れているのは、製造の分野だ。この重要な変革を実現するには、地球上で一番自己充足している生きものの案内に従うのがいいだろう。

6　目に見えない宇宙

微生物生態学は、大きな自然のなかで微生物が果たしている役割に注目する学問分野だ。微生物生態学者は、数十の種が住む小さい生息環境だけでなく、大陸と大洋をめぐって元素を循環させている地球規模のシステムにも目を向けて、細菌を研究する。生物地球化学的循環または栄養循環と呼ばれるこのシステムのおかげで、人間や、ほかのあらゆる生命が、炭素、窒素、硫黄、リン、金属を利用できるようになっている。地球では今、温暖化や汚染が進み、生物多様性が失われつつあるが、微生物生態学によってその現状を反転させるための技術も見えてきた。

微生物生態学者は、地球と人間と細菌のあいだの新しい関係を次々に発見している。環境の善玉菌はとても大切な存在であるにもかかわらず、食品や医療の微生物学にくらべ、微生物生態学はまだ科学の新参者だ。

微生物学の黄金期には、土くれのなかに潜んでいる細菌を見つけだすことより、病気との戦いが微生物学者の意欲をかきたてていた。ジョゼフ・リスターは外科手術に消毒の技術を取りいれ、エドワード・ジェンナーは天然痘のワクチンを作り、フローレンス・ナイチンゲールは感染を予防するための衛生の大切さを訴えた。善玉菌などと呼べるのは、死んだ細菌だけのように思えたことだろう。

黄金期の後半になると、植物学者のマルティヌス・ベイエリンクとセルゲイ・ヴィノグラドスキーが未踏の分野に光を当て、土と水に住む有益な細菌の研究をはじめる。オランダではベイエリンクが植物と細菌の共生関係を調べ、ロシアではヴィノグラドスキーが土と水のなかで進む細菌の代謝を探った。

マルティヌス・ベイエリンクは、1851年にタバコ農家の息子として生まれ、質素な家庭環境で育った。成長して植物学と農学の教育を受けたのち、オランダ初の工業微生物学を専門とする研究所の所長になると、そこでタバコの葉に感染する伝染性の病気のウイルスや、マメ科の植物と力をあわせる窒素代謝細菌を研究した。

1888年、ベイエリンクはマメ科植物の根についた小さい粒（根粒）のなかに住む細菌を発見する。そしてこの細菌を根粒から単離して実験室で培養するという、難しい作業にも成功した。そのためには、根粒菌が好む栄養素の混合物を苦心して見つけだす一方で、土中にいるほかの無数の細菌を寄せつけないようにしなければならなかった。集積培養と呼ばれるこの方法は、今でもまだ環境微生物学にとって重要な部分となっている。ベイエリンクは何年もかけてそれらの（のちにリゾビウム属と名づけられる）細菌の代謝と、自然界で果たしている役割を解明した。

マルティヌス・ベイエリンクが明らかにした細菌の営みは、現在では、地球の窒素循環のなかで欠くことのできない位置を占めていることがわかっている。根粒菌（リゾビウム属）は、空気中から窒素を取りこみ（このプロセスは窒素固定と呼ばれる）、その元素をマメ科植物（エンドウや落花生やアルファルファなど）が利用できるかたちに変える。次に植物が窒素をタンパク質、核酸、ビタミンに組みこむと、次にさまざまな動物がそれを栄養として体内に取りいれる。根粒菌とマメ科植物の連携は、2種類の無関係な生きものが深いつながりをもって生きている共生の代表的な例だ。この場合の共生は、両方の生きものが互いに相手に利益を与えながら協力しているので、相利共生と呼ばれる。植物の根は細菌に安全な避難場所を提供し、根粒菌は植物になくてはならない窒素を提供する。だが、共生のすべてが、互いに都合のよい相利共生とは限らない。

片利共生　一方の生きものだけが利益を得て、もう一方の生きものにとっては利益も害もない。
片害共生　一方の生きものが、もう一方の生きものに害を与えることによって利益を得る。
寄　　生　ほかの生きものの表面や体内で暮らす一方の生きものが、宿主である相手の健康を犠牲にして、利益を得る。

ベイエリンクは土壌細菌の硫黄循環も研究した。硫酸塩還元と呼ばれる反応は、土のなかの酸素が欠乏した場所で起きる。ベイエリンクは扱いにくい硫酸塩還元菌を培養する方法を考えだしたが、それはほかの研究者が難しすぎる、あるいは不可能だと考えていたものだった。

一方のヴィノグラドスキーは、ベイエリンクより5年遅れて生まれ、恵まれた環境で育った。若いころ、ギリシャ語とラテン語の授業など「興味がわかないし、楽しくない、肉体的にも精神的にも重苦しい」と思ったという。成長するにつれ、法律を勉強し、次に音楽もやってみたが、どちらにもまったくやる気が出ない。そこで自然科学に転向することにし、1885年にはストラスブール大学で植物学の教職について、すぐ硫黄細菌のベギアトア属の研究をはじめた。この細菌は微生物マットのなかで、日光の当たる層と暗い層のあいだを行ったり来たりしながら生きている。

ルイ・パスツールからパリにある彼の有名な研究所に誘われたが、ロシア人のヴィノグラドスキーはそれを断り、故国に戻って微生物の研究をつづけた。ところが第一次世界大戦でほとんどの研究が中断されたあげく、1917年には十月革命が起こり、ヴィノグラドスキー一家のような裕福な家族はボルシェヴィキの手から逃れて、九死に一生を得て国をあとにするしかなかった。

ようやくベオグラード大学に職を得ることができ、科学の実験室はおろか、図書館さえない境遇ながら、一家にはかろうじて安定した暮らしがもたらされた。ヴィノグラドスキーは、手に入る唯一の科学雑誌だった「細菌学誌」(*Centralblatt für Bakteriologie*)を熟読して、なんとかヨーロッパの細菌学研究に後れをとるまいとした。当時、自然環境にいる細菌を詳しく調べている微生物学者はほとんどいなかったので、最も馴染みのあるベギアトア属の研究に没頭し、この細菌がエネルギーとして硫黄化合物を利用する方法を追究した。その後、ふたたびパスツール研究所から誘いを受けると、今度はそれに応じている。おそらく豊富な研究資金と設備の整ったパリの研究所に魅力を感じたのだろう。

ヴィノグラドスキーはその研究生活のあいだに、ベギアトア属に加え、少なくとも8つの新種の細菌を発見した。芽胞を作るクロストリジウム・パスツリアヌム（*Clostridium pasteurianum*）、淡水、河口、海洋の生息環境でセルロースを分解する滑走細菌のサイトファガ属、窒素代謝を行なうニトロソコッカス属、ニトロソシスティス属、ニトロソモナス属、ニトロソスピラ属、ニトロバクター属などだ。窒素を利用する5種類の細菌は、ベイエリンクが研究したものとは違い、土のなかを自由に動きながら暮らして、窒素循環で根粒菌とは異なる役割を果たしている。

ベイエリンクとならんで硫黄細菌に取り組んだヴィノグラドスキーは、微生物学者として世界ではじめて土壌から硫黄酸化細菌を単離し、その純粋培養に成功した。これらの細菌が硫黄の元素を利用可能な無機物に変えると、それをベイエリンクの細菌が高等生物に役立つ分子に変える。微生物学の幅広い領域に通暁した教養人（ルネサンスマン）であったヴィノグラドスキーは、水生の生息環境にできるバイオフィルムをはじめて研究した細菌学者であり、また深みにある水成堆積物に住みついて鉄を代謝する細菌にも早くから注目して、微生物学者たちの関心を引く役割を果たした。

ヴィノグラドスキーは90歳をすぎるまで、微生物生態学についての著作を書きつづけた。娘のエレンが研究所での研究に加わり、父が97歳で世を去ったあとも、窒素を利用する細菌の研究をつづけていった。

多様性がもたらす多才な力

細菌は、バイオフィルムや微生物マットのような群集に加われば、1個の細胞として独立して暮らすよりも楽に生きられる。ただしどの種にも、微生物群集を離れて単独で暮らす時期がある。たとえば属している群集の密度が高くなりすぎれば、集団から抜けだして独立する。運動性をもつ細胞は、鞭毛や線毛を使ったりからだを小刻みに動かしたりして、毒素から逃れたり、栄養素に向かって移動したりする。細胞が微生物群集から離れて独力で生き、増殖する期間には、生存をかけた最も困難な課題にぶつかることが多い。

実験室で育つ細菌は、自然界で出くわすようなつらい目にあうことはほとんどない。栄養豊富な培養液、完璧な温度に調整された恒温培養器、それぞれの細菌に適した気体がいっぱい詰まった培養容器のおかげで、実験室では土や水のなかにくらべて贅沢ざんまいの暮らしができるのだ。実験室の細菌は、自然界の仲間より速く、大きく育つ。

だが容赦ない現実の世界では、栄養素を手に入れるのが難しいうえ、付着するのによい場所は見つからず、毒性のある化学薬品があふれ、捕食者にもぶつかる。それでも、多様性には多才な力が伴い、過酷な環境で生きぬくためのさまざまな策略を発達させてきた。

自然界の細菌はいつも、原生動物、藻類、植物、昆虫、ミミズなどを相手に、土や水のなかにある栄養素の争奪戦を繰りひろげている。これらの真核生物とは違って、細菌は過酷な状況を乗りこえるために休眠したり、芽胞を作ったり、別の代謝に切りかえたりする。周囲に栄養素がほとんどなくなると、細菌は細胞の大きさをできるだけ小さくする——実験室では直径が3〜4マイクロメートルにまで成長する細胞も、自然のなかでは1ないし2マイクロメートルにしかならない。このように小型化すると、細胞に必要な栄養素の量が減るし、いろいろなものの表面に安全な隠れ家が増えるうえ、風で空中に飛ばされやすくなって、よりよい環境に移動できる。小さければ増殖の速度も上がるから、膨大な数の子孫を生むことによって種の一部は生き残れるようになる。

細菌の個々の細胞は、それぞれの環境で厳しい状況をくぐりぬけて生きのびると、できるだけ早く群集に戻ろうとする。群集を作る理由のひとつは、表面にくっつくことができるからだ。病原菌でも、病気を引きおこさない細菌でも、どこかに付着することが生き残り戦略の大切な要素になっている。病原菌のような環境由来の細菌は、線毛と呼ばれる微細な突起を使って、岩や土くれ、木の葉や腐敗しているものに付着する。そうした**も**のの表面に、くっついていられる凸凹がないときは、電荷を用いて吸いつくこともある。

細菌の外側は、タンパク質に含まれる炭素とリンや、細胞壁の酸性の部分の化学的性質のせいで、わずかに負の電荷を帯びている。ほとんどの細菌が暮らす水生環境では、負の電荷をもつ細胞は正の電荷をもつ分子を引きよせる。そのために負の電荷を帯びた細胞は、正の電荷の衣服に包まれて環境のなかをあちこち移動している。岩や土に含まれているミネラルも正の電荷をもつ。自然にある有機物は、細菌と同じく負の電荷を帯びていて、固有の正の粒子をまとっている。同じ正の電荷どうしの反発で、細菌には岩石や有機物の表面に付着するチャンスはないようにも思えるが、ナノスケールの世界では、物質は目に見える世界やマイクロメートル単位の顕微鏡下の世界とはまた違った動きをすることになる。

正に帯電した物体からナノメートル単位で測ってみると、正と正の電荷が反発しあって、細菌の付着を妨げる距離がある。たとえば小石などの表面からおよそ10ナノメートルの場所では、細菌はまずわずかな引力を感じるのだが、そこからさらに近づいてしまうと、今度は反発力が強くなる。異なった力が働くので、小石の表面から10ナノメートルから2ナノメートルまでのあいだでは引力と反発力が入れかわる。これになんとか対応して小石から1ナノメートルの内側に入ってしまえば、細胞は無事、表面にくっつくことができる。

細菌は、10ナノメートルから2ナノメートルのあいだで出くわす化学的な力を克服する必要があるばかりか、ほかの細菌によってまだ占領されていない場所を見つけ、抗生物質を出している微生物からは遠く離れ、栄養素と光と空気が手に入るところを探しあてなければならない。

天然抗生物質の働きから逃れるためには、また別の策略が必要だ。現在、人間が利用している天然抗生物質のほとんどは、土壌微生物に由来している。土で暮らす細菌は、環境にある自然に作られた抗生物質だけでなく、人間が住んでいる場所から流れてきた水に混じっている合成抗生物質にも耐える必要がある。さらに、塩素を含んだ汚染物質、毒性のある金属（水銀、カドミウム、銀、銅など）、放射性の化学物質も、細菌を傷つける。こうした物質に適応している種は、それほど多くはない。土のなかの汚染物質の量が増えるにつれて、細菌の種の数と多様性は減る。実際、細菌にとって最も強力な生き残り術は、適応だ。細菌は増殖が速いので、遺伝構造に抗生物質への耐性をもたせるといった生き残りに不可欠な適応を、ほかのどの生きものより効率的に果たすことができる。

食べものも暮らす場所もままならない苦労を乗りこえ、有毒なものから逃れられたとしても、細菌はまだ捕食される脅威に立ちむかわなければならない。反芻動物のルーメン（第一胃）のなかと同様に、水のある自然環境でも、原生動物がうろついて細菌を飲みこんでは消化している。単細胞の原生動物は、1回の細胞分裂について1000から1万の細菌を食べる。細菌が絶滅から身を守る最大の防衛策は、原生動物をしのぐ勢いで増殖することだ。細菌にはさまざまな大きさのものがあることも役に立つ。（長さが100～1000マイクロメートルある）大型の原生動物は大型の細菌をつかまえ、小さい細菌のほとんどを（長さが5～100マイクロメートルの）小型原生動物のために残しておく。自然のそのほかの領域でも、生きものはたいてい同じように狙う獲物を変えている。オオカミはヘラジカを標的とし、ジャックウサギのようにもっと小さい獲物はコヨーテに残す。このように捕食するものとされるものが階層状に分かれることで、生物多様性が保たれていると言える。微生物の世界の場合、原生動物の大きさと獲物の大きさの比は10対1ほどになっている。ただしまれに、原生動物が自分より大きい相手を飲みこもうとして、悲惨な結果に終わることもある。

自然に住む一部の細菌は、ほかの細菌をユニークなやりかたで捕食する。ブデロビブリオ属は、土から淡水や塩水、さらに下水など、幅広い場所に住む細菌だ。グラム陰性のこの属は、ほかのグラム陰性菌に付着し、細胞壁に穴をあける酵素を出す。穴があくと、獲物の細胞壁と細胞膜とのあいだにもぐりこむ。獲物になった細胞は死んでしまうが、ブデロビブリオはそこにとどまって、まるでコートを着るように相手の抜け殻を身にまとい、新たな捕食者の攻撃に備える。

ヴァンピロコッカス属は、その名（ヴァンパイアからつけられたもの）にふさわしく、獲物に取りつくが、穴をあけたりしない。ただ、獲物の細胞の一部を傷つける酵素を分泌する。光合成をする種が好きなヴァンピロコッカスは、取りついた相手の細胞質をすっかり吸いだすと、空っぽになった細胞壁をあとに残して去っていく。

粘液細菌は、独特の捕食の手口を使う。運動性をもつ粘液細菌は、数十から数百個の細胞が「オオカミの群れ」のように集まって、獲物を求めて土のなかを滑走するのだ。細長い棒状の細菌がきれいに平行に並び、そのうちの数個のリーダー格が、少しだけ群れの前方に突きでる。粘液細菌の群れは、水のなかでも食べものを探しながら優雅にパトロールしてまわる。あたりの細菌を食いつくすと、粘液細菌の細胞は集合し、子実体と呼ばれるキノコに似た大きなかたまりを作る。その高さは最大で０・７５ミリにもなる。子実体には、細菌の世界ではほかに見られない色素が含まれているので、コロニーは赤やオレンジ、黄色や茶色に彩られることになる。子実体では柄のような部分に支えられて細胞の詰まった袋が土の表面から浮いており、風が吹いたり雨が降ったりするとそこから切りはなされて、新天地へと運ばれていく。新たな環境の条件がよさそうなら、粘液細菌はまた新しい生活環（ライフサイクル）を開始する。腐りかけの有機物、特にブナやニワトコの木の表面で、子実体は簡単に見つかる。

微生物生態学者には、微生物界における捕食の役割が、まだよくわかっていない。栄養物が足りない場所では、たしかに捕食者は捕食によって恩恵を受ける。獲物に栄養素を吸収して集める仕事をさせておき、捕食者はそのごちそうを丸ごといただいてしまうのだから。ただし、捕食者によっては細菌を飲みこみながら消化しないものもある。たとえばシロアリの腸内では、この昆虫のなかにいる原生動物のなかにいる細菌が、シロアリの食べる木質の繊維を消化している。

細菌に多才な力を与えているのは、細菌の3つの特徴だ。第一は、その膨大な数で、役に立つ新しい形質を備えた突然変異体を生みだす確率を高めている。第二は世代時間（1個の細菌が2個になるのに必要な時間）の短さで、突然変異で生まれた新しい形質が、種の遺伝子構造の一部として定着しやすい。第三は、小さく効率よくまとまっていることで、そのためにひとつでいくつもの働きをする酵素を発達させてきた。たとえば、自然界のごく一般的な有機化合物を分解する酵素が、汚染物質も分解する。バイオレメディエーションでは原則として、ほかの食べものが手に入るときでも汚染物質を分解するのを好む微生物を利用する。

異なる栄養素を必要とし、異なるエネルギーを生成し、異なる適応能力を備えた大量の生きものは、多様性に富んだ集団を生みだすにちがいないと予想できるが、微生物はまさにこれに当てはまる。微生物の多様性は、あらゆる生命体のなかで群をぬき、さらに赤道に沿って地球をぐるりと取りまく地帯では、その多様性が最も高いとみなされている。植物や動物などの高等生物の生物多様性も、赤道直下の熱帯地方では地球上のどこより豊かだ。この地帯では、まず豊富な太陽の光によって光合成細菌の数が増え、それにともなって地上でも水中でも食物連鎖が起きる。熱帯地方では全体的な生物多様性が高いから、環境が安定している。そのせいで無数の小規模な、特殊化した個体群が生きのびられる。そしてこの多様な個体群のおかげで、細菌には共生関係を築く選択肢が増える。最後に、温帯地方では季節ごとに気候が変化するのに対し、熱帯地方では一年中安定した気候がつづくので、細菌は進化して有益な適応を発達させるチャンスが増える。

微生物生態学は、実験室で研究している細菌が、必ずしも自然界にある圧倒的多数の細菌ではないという難題を抱えている。その原因は、ＶＢＮＣ（viable but not culturable　生きているが培養できない）細菌にある。クレイグ・ヴェンターが行なった海洋微生物の遺伝子分析は、微生物の多様性は最大の推定値さえ大きく超えているのではないかという、微生物学者たちが長年にわたって予想していた考え方が正しいことを裏づけた。ＶＢＮＣ細菌は、実験室では育たない、あるいは必要な生育条件がまだわかっていない種だ。そのために微生物学は、自然界のごく少数派の細菌が実験室でどうふるまうかを見て、ほとんどの理論を築きあげなければならないことになる。ヴェンターが行なったような遺伝子の検査は、この問題の解決に役立っていくだろう。すべての細菌を実験を通して研究しなくてはならないと考える必要がなくなる。遺伝子の多様性を分析すれば、微生物の多様性をもっと詳しく知ることができるにちがいない。

シアノバクテリア（藍藻）

細菌の大切さに優劣はないが、どれが一番大切かを選ばなければならないとしたら、私はシアノバクテリアをあげる。生物学者たちがはじめは青緑色の藻類だと勘違いしていたこの微生物は、ほとんどこれひとつだけで、細菌の多様性を象徴している。

35億年前、地球上にはじめて酸素を供給しはじめたと考えられているこの細菌は、陸上でも水のある環境でも、しかも淡水と海水の両方にわたって、みごとな多才さを備えている。シアノバクテリア（図６・１）には、光合成のために日光を必要とする以外、住む場所の制約がほとんどない。陸上ではよく菌類と力をあわせ、無機物の表面をおおう地衣類を形成している。水中ではシアノバクテリアのアナベナ属が、浮遊性のシダであるアカウキクサ属（アゾラ属）と、同様の関係を築いている。この関係では、植物が光合成の90パーセントを受けもち、シアノバクテリアは空気中から窒素を取りだして、自分自身と植物の両方に供給している。

シアノバクテリアは微生物マットで勢力をふるい、地表に付着する（付着生物）。その一方、水のなかで遊離細胞として暮らしている数が最も多く、表6・1でわかるように海洋プランクトンの大き

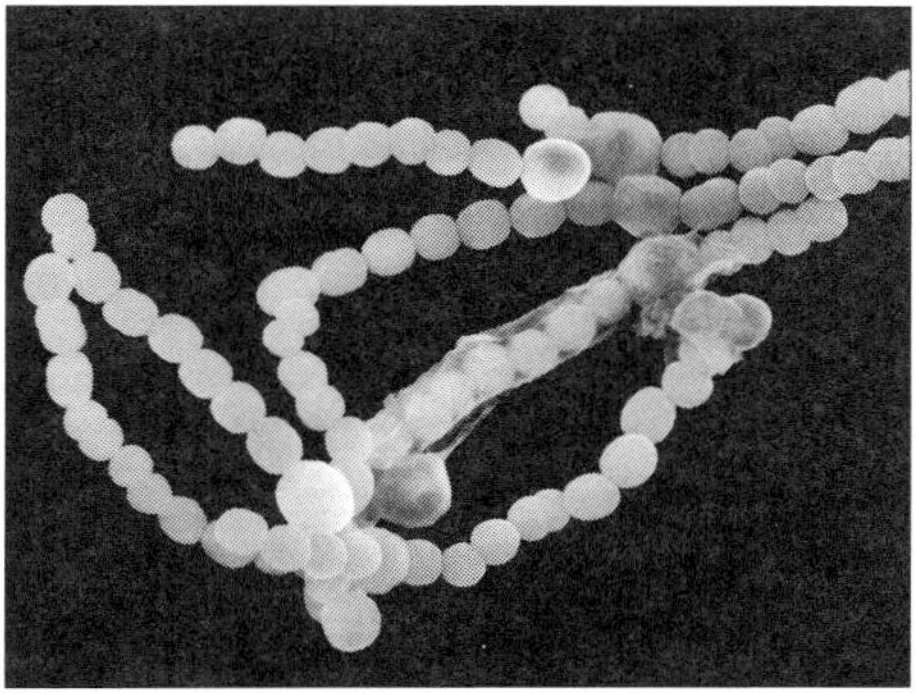

図6・1　シアノバクテリア。シアノバクテリアには多様な種があって、さまざまに異なる活動をするが、すべてに共通している特徴は光合成だ。このアナベナ属の細胞のつらなりには、窒素を固定する大きい異質細胞が含まれている。（写真提供：Dennis Kunkel Microscopy, Inc.）

生きもの	海水１ミリリットルあたりの数
オキアミ	1 未満
藻類	3,000
原生動物	4,000
光合成細菌	100,000
従属栄養細菌	1,000,000
ウイルス	10,000,000

表６・１　海洋プランクトンのおもな構成要素

な割合を占めている。１ミリリットルあたり約10万個の細胞が含まれている通常の海洋水では微生物は目に見えないが、ブルームと呼ばれるプランクトンの異常増殖が発生すると、シアノバクテリアは水を赤く染めて（赤潮）見えるようになる。おそらく紅海という名の由来は、この自然現象にあるのだろう。海の表層は日光をたっぷり浴びていても、深さが１００メートルを超えたあたりからは光がほとんど届かなくなる。このため、シアノバクテリアが住んでいるのも、世界中の海洋光合成が起こっているのも、有光層と呼ばれる太陽光の届く水の層の範囲内に限られている。

緑色植物、藻類、シアノバクテリアは、太陽エネルギーを動物が利用できるエネルギーに変える、地球上の主要な経路になっている。その過程に最も大きく貢献しているのは海だ。シアノバクテリアは、微生物マットに代謝の源となるエネルギーを提供しているように、海の食物連鎖の土台としても、同様に重要な役割を担っている。海や淡水のシアノバクテリアから、エネルギーが微小な生きものに伝わり、それがだんだん大きい動物へと渡っていき、最後には「食物連鎖の頂点」と呼ばれる最強の捕食者まで届く。

今まで絶えることのなかった地球最古の細菌として、シアノバクテリアは藻類や原始の植物、さらに現在の高等植物の出現にもひと役買った。これまでに確認された最古の化石は、まだ大気中に酸素がたまりはじめる前の、始生代のシアノバクテリアのものだ。35億年前にさかのぼるこれらの化石は、38億年前にできたという最古の岩と、ほとんど同じくらい古い。

　始生代から原生代までのあいだにシアノバクテリアの光合成によって大気の成分が変わり、酸素のない状態から酸素を豊富に含んだ状態になった。原生代からカンブリア紀に移るころ、酸素を使って生きるある種の大型細胞が、シアノバクテリアの細胞をいくつか飲みこんだ。飲みこまれたシアノバクテリアの一部が、消化されずになんとか生き残り、捕食者のその後の世代で少しずつ進化して、宿主細胞の細胞小器官（オルガネラ）になった。こうした原始的な細胞の子孫である植物は、さらに複雑な構造へと進化していき、古代のシアノバクテリアの痕跡は葉緑体に姿を変え、植物細胞のなかで日光エネルギーを糖のかたちの化学エネルギーに変換する場所になった。

　シアノバクテリアの増殖はほかの細菌にくらべて非常に遅く、およそ1日に1回しか分裂しない。それでも十分に競争に耐えられるのは、丈夫なうえ、ほとんど栄養素なしでも生きられるからだ。シアノバクテリアには、エネルギー源の日光と、炭素のもとになる二酸化炭素、そしてほんのわずかな塩分があれば十分だ。直径は数マイクロメートルと、通常の細菌より大きく、より複雑な内部構造をもっている。細胞質には膜のネットワークがあり、光合成を行なう酵素と色素を支える。細胞のかたちもユニークで、かたまりや鎖、長いフィラメント状のものが集まり、顕微鏡を覗くと細菌というより藻類のように見える。

　16世紀には、スイスの医師パラケルスス（本名はテオフラトゥス・フィリップス・アウレオルス・

ボンバストゥス・フォン・ホーエンハイム！）が、まだほとんど知られていなかったシアノバクテリアの観察をはじめた。パラケルススは植物の表面に成長する粘液のようなコロニーに注目し、ノストック——鼻汁という意味——と名づけている。ノストックが世界ではじめて研究されたシアノバクテリアだとするなら、最も新しく研究されたシアノバクテリアの代表格は、海洋性の種であるプロクロロコッカス・マリヌス（*Prochlorococcus marinus*）だろう。１９８６年に発見されたＰ・マリヌスは、この地球上で最も数が多い生きものと言われている。また、シアノバクテリアのなかでは最も小さく、直径が０・６マイクロメートルと、これまでにわかっている最小の細菌のひとつに数えられる。この種は光合成装置の役割を果たすのみで、生態的に重要な活動はほかにほとんどしていない。遺伝子の数はわずか１７１６しかないが、海洋では環境条件の変化がとてもゆっくり進むので、Ｐ・マリヌスは数少ない遺伝子だけで十分に環境に対応し、生きぬくことができる。

自然のなかでシアノバクテリアを観察する絶好の場所は、海辺の磯、そして貝殻の表面だ。微生物生態学者のベッツィ・デクスター・ダイアーは海岸のシアノバクテリアを、岩を覆う、すべりやすくて黒褐色のビロードのようなものと書いた。水のある環境では、青緑、緑、黄赤、オレンジ色、紫の色素によって、シアノバクテリアがはっきり見える。

あらゆる形態のシアノバクテリアが、地球上の炭素と窒素の巨大な貯蔵所となっている。光合成は二酸化炭素を糖に変え、植物はその糖を使って自分を支える繊維質とでんぷんを作る。地上や海中では、有機物を分解するすべての細菌が、地球の炭素の膨大な蓄えを増やしている。

細菌のタンパク質工場

反芻動物は、そして割合は小さくなるが人間やそのほかの単胃動物も、必要なアミノ酸の多くを細菌からもらっている。腸内の酵素が細菌を消化すると、プロテアーゼと呼ばれる酵素がその細菌のタンパク質を分解してアミノ酸を解放し、動物がそれを吸収する。これらのアミノ酸と、そこに含まれている窒素は、その動物自身によるタンパク質合成のもとになる。

このような過程は、入り組んでいるように思えるかもしれないが、地球規模の窒素循環システムのなかのひとつの段階だ。窒素循環は、農業にも、人間やほかの動物の健康にも重要な役割を果たしているので、おそらく最もよく研究されてきた栄養循環だろう。人間が食べものの炭素不足に悩まされることは、まずない。だがタンパク質というかたちの窒素となると、話は別だ。いろいろな環境で窒素が足りなくなることは多いので、地球上の生きものにとって窒素循環はなおさら重要になっている。

夕食の皿にのったステーキのタンパク質は、窒素の利用と再利用を繰りかえす地球規模の循環の結果、そこにある。口に入るステーキの窒素は、遠い海に住むシアノバクテリアか、別の大陸の土からやってきたものかもしれないと考えても、けっして大げさではない。窒素は大気の78パーセントを占め、次に多い成分である酸素のおよそ4倍にもなる。窒素の量が多いことはこんなにも明らかなのに、生きものはからだに酸素を吸収するより窒素を取りいれるほうに、はるかに多くのエネルギーを使っている。窒素の気体を酸素と同じようにそのまま体内に取りこめる生きものは、細菌のほかにはいない。ほかのすべての生きものが窒素を利用できるのは、シアノバクテリアをはじめとした細菌のおかげなのだ。細菌は、窒素固定と呼ばれるプロセスを通して、窒素の気体を取りこんで植物が利用できるかたちに変えている。そしてウサギなどの草食動物が、植物の窒素（おもにビタミンと、ＤＮＡなどの核酸）を動物の窒素（おもに筋肉のタンパク質）に変える。

アゾトバクター属やベイエリンキア属などの一部の種は、土のなかで独立して暮らし、そこで窒素固定をしている。これらの細菌は窒素原子に水素原子を加えることによって、窒素の気体をアンモニアに変える。根粒菌の（ベイエリンクが発見した）リゾビウム属とブラディリゾビウム属も空気中から窒素を取りこむが、その場所は植物の根にある小さいこぶ（根粒）のなかだ。マルティヌス・ベイエリンクは細菌と植物が力をあわせるこのプロセスを、１８８８年に発見している。窒素固定に見られる細菌と植物の関係は共生で、ごく近くで暮らす２種類の生きものが協力する。人間などの動物や昆虫に住みついている腸内細菌も、やはり共生関係の例だ。

窒素は、気体の状態からアンモニアに変化したあと、さらに一連の反応を通して受けわたされていく。それぞれの細菌が受けもっているそうした反応は、１世紀以上も前にセルゲイ・ヴィノグラドスキーによって発見された。ニトロソモナス属がアンモニアを亜硝酸塩（１個の窒素原子＋２個の酸素原子）に変え、次にニトロバクター属が亜硝酸塩を硝酸塩（１個の窒素原子＋３個の酸素原子）に変えると、植物の根が硝酸塩を吸収して必要な窒素を補給する。まったく別のグループの細菌が、土から余った硝酸塩を取りこみ、気体の亜酸化窒素に変えて、大気中に放出する。

植物にたどりついた窒素は、植物によってビタミン、核酸、タンパク質を作るのに利用される。ウシが草やクローバーを食べ、植物の窒素を体内に取りいれると、ルーメン細菌が働いて、微生物タンパクを生みだす。人間は牛肉のタンパク質を消化することによって、これまでのプロセスすべてから恩恵を受けることになる。植物が枯れて（バチルス属などの土壌細菌の働きで）分解され、含まれていた窒素が土中に戻るとき、また牧場の家畜の排泄物が土や地表水ににじみ出すとき、環境にも窒素の分け前が届く。

窒素循環は、あらゆる生き物にとって不可欠なもので、そのために広いスペースが使われている。食肉用のウシやヒツジの飼育に利用されている土地は、世界中で何万平方キロメートルもの広さにのぼる。アメリカやカナダのように国土が広ければ、なんとかやりくりできるだろうが、水不足の地域や熱帯地方で食肉を生産しようと思えば、環境に無理難題を押しつけることになる。食肉動物と人間による水の奪いあいは、世界各地でますます増えている。そのあいだにも、熱帯地方では農民たちがジャングルの木を倒したり焼いたりして、牧場にする用地を切りひらいている。熱帯地方が縮小すれば、生物多様性も縮小する。

環境保護主義者の多くは、大規模な食肉生産が環境をおびやかしていると感じ、細菌をそのままタンパク源として使えるような研究を早く進めてほしいと訴えている。もちろん窒素循環はこれからもずっとつづくだろうが、人間が別のタンパク源を採用すれば、負担を軽くできる。シアノバクテリアのスピルリナ属（図6・2）は、微生物タンパク源の有力候補として注目を浴びるようになった。乾燥させたスピルリナの粉末を、ビタミンとタンパク質の栄養補助食品として利用することができる。スピルリナの細胞に含まれているタンパク質は、最大で全体の70パーセントにもなる。ほとんどの細菌では50パーセントほどしかない。さらに、スピルリナのタンパク質は高品質で、人間の必須アミノ

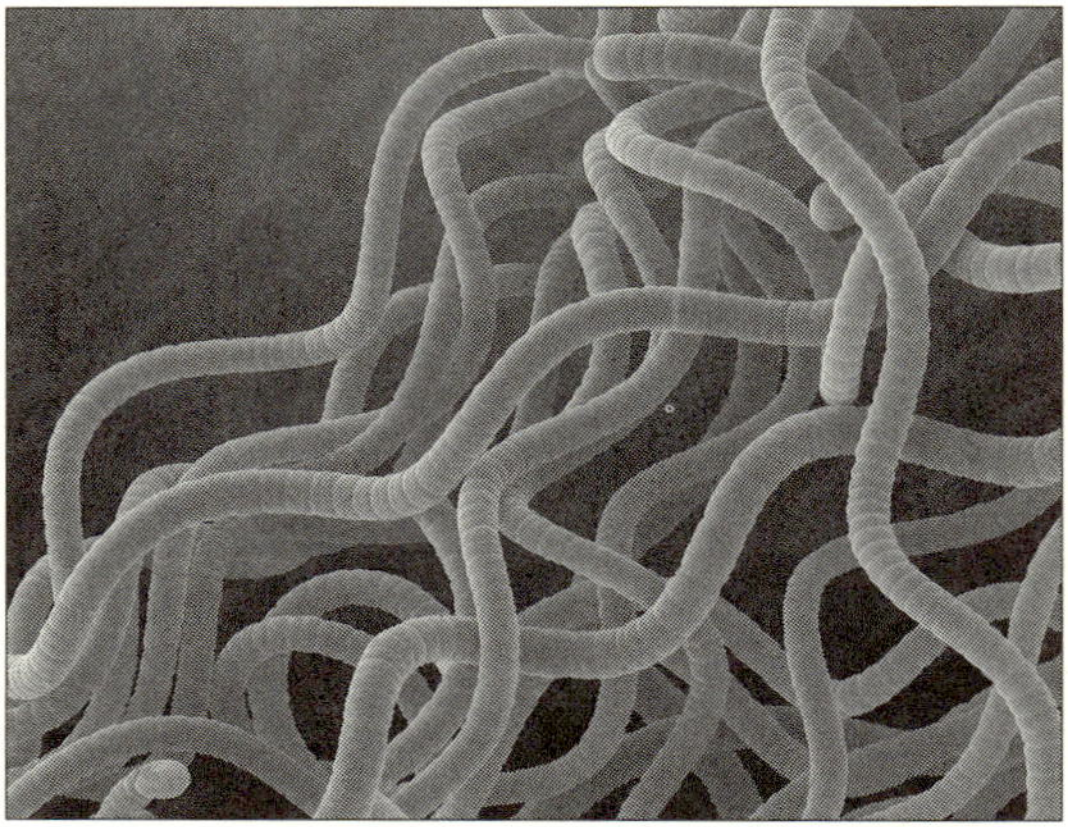

図6・2　スピルリナ・パシフィカ（*Spirulina pacifica*）。このフィラメント状のシアノバクテリアは、何世紀にもわたって食品として利用されてきた。水中に繁殖している大量のスピルリナを収穫し、日干しにしてから、軽くたたいてホットケーキのようなかたちに整え、料理に使ったりそのまま食べたりする。（写真提供：Dennis Kunkel Microscopy, Inc.）

酸をすべて含んでいる。そしてほかの光合成生物と同様に、バラエティーに富んだビタミンとミネラルを供給してくれる。光合成を進める酵素にはビタミンとミネラルの絶え間ない補給が必要で、それらが化学反応に補助因子として加わる。スピルリナを食品として利用する場合の、次のような特徴を考えてほしい。

・ニンジンよりベータカロチンの含有量が多い――ベータカロチンは体内でビタミンAに変わる。
・牛レバーの28倍の鉄分を含んでいる。
・ほかのどの食品よりビタミンB12の含有率が高い。

スピルリナは、世界の栄養不足の地域の新たなタンパク源として、前途有望だろうか？　栽培の単位面積あたりで見ると、このシアノバクテリアは牛肉の２００倍のタンパク質を供給し、水の消費量はわずか３１５分の1ですむ。ＮＡＳＡは、（藻類だと思っていた）スピルリナを宇宙食として利用する実験を行なってきた。そしてスピルリナ栽培場の数も、タイやインドからアメリカまでと、世界の国々で増えてきた。こうした栽培場にある大きな池では、水の流れが止まらないようにして、栄養物を流しこみながら、一方で最終産物を取りだしている。微生物学者が念入りに、シアノバクテリアの増殖を促して不純物の増加を抑えるような絶妙な生育条件を維持している。

現在のように環境が不安定な状況では、人々は何を消費するかについて厳しい選択を迫られる。スピルリナは今後、環境の持続可能性にとって大切な一面になっていくかもしれないが、今のところそこまで到達していない。

生態系の作り方

池や草地、潮だまりは、それぞれがひとつの生態系だ。生態系には、多細胞の動植物、ごく小さい無脊椎動物、微生物、さらに土、水、石、空気などの無生物が、相互作用を繰りかえすネットワークがある。細菌は生態系のなかで、ほかの微生物とやりとりするとともに、水面と固体の表面からなる周囲の微細な環境とも影響を与えあっている。

液体のなかで暮らす細菌は、微環境に溶けこんだり浮遊したりしている正や負の電荷をもつ物質に対抗しなければならない。細胞のなかには、走化性のスイッチを入れて、好きな条件の方向に進んだり嫌いな条件から離れたりできるものもある。それができないものは、ただ漂い、たまたま出会った栄養素を吸収しながら、いろいろな種が混じりあった群集に流れついて、そこに落ちつくしかない。

有機物がたくさん含まれた液体の環境にいる細菌は、集まって薄い膜を作り、その表面を覆う。膜を作りあげているそれぞれの細胞は、空気中から酸素を取りいれ、下方から栄養分を吸収する。このような膜では、細菌は膜の構造を安定させて破れにくくするために、空気と水の界面で表面張力を調整しなければならない。

シュードモナス属などの一部の細菌は、界面活性剤（サーファクタント）を分泌して表面張力の調整に利用している。洗剤に似たこれらの物質があると、水に馴染みにくい化合物でも膜に付着したとき水に混じりやすくなり、細菌が集まった膜には新たな栄養源を確保できる可能性が生まれる。界面活性剤には、栄養素を微生物細胞のなかに入りやすくする機能もあり、これらふたつの働きによって、壊れやすい水面膜の構造に細胞がとどまるのを助ける。根の表面につく土中の細菌でも、界面活性剤がこれと同じような役割を果たしている。

土壌細菌は、おもにケイ素でできた微環境で暮らしている。ケイ素（シリコン）は地球上で最も豊富な元素だ。土にはそのほかに、アルミニウム、鉄、カルシウム、ナトリウム、カリウム、マグネシウムも、かなり含まれている。これらの元素のほとんどは正の電荷を帯びていて、細菌が土の粒子に付着できるかどうかに影響を与える。無生物の粒子の表面で群集を作って暮らしている細菌もあるが、そうでないものは、湿り気のある微細な穴に住んでいる。穴の大きさは、数マイクロメートルから数ミリメートルとさまざまだ。こうしたごく小さい穴の微環境は、多くの場合、大地、大気、海洋、さらにあらゆる生きものへと栄養素が循環をはじめる起点になる。

硫黄循環は、これまでにわかっている栄養循環のなかで、最も多くの化学変換で成りたっている。二酸化硫黄の気体に含まれている硫黄は、硫黄泉をはじめとした火山活動によって大気中に放出される。化石燃料の燃焼も、大量の硫黄を大気に加える。地球上に存在している硫黄の大半は、この惑星の核にあると考えられ、生体物質に入っている量は少ない。地殻に含まれている硫黄の量はおよそ2×10^{16}トン、陸および海洋の生体物質に含まれている量は、およそ1×10^{10}トンだ。

緑色硫黄細菌と紅色硫黄細菌という2種類の細菌は、それぞれがもつ色素から名づけられていて、どちらも元素硫黄を硫酸塩化合物に変える。ほかの元素が何もついていない純粋な硫黄である元素硫黄は、固体で、土の粒子だけでなく、細菌細胞の表面にも付着する。黄色っぽい硫黄の粒が細菌を覆うと、細菌は酵素を出して、その粒を溶けやすい硫酸塩化合物に変える。そしてその化合物が、種々の土壌微生物によって利用されていく。

沼や湿地で、硫化水素特有の腐った卵のにおいがすれば、その地下で活発な硫黄循環が起こっている証拠だ。この循環の担い手は嫌気性の細菌なので、酸素のない堆積物や水の底が、その舞台になる。湿地の底にライトを当てることができるなら、硫黄細菌が緑色や紅色をしているのが見えるだろう。

ヴィノグラドスキーは、窒素固定菌と硫黄細菌を研究しただけでなく、鉄の酸化と還元によってエネルギーを生む細菌についても調べた。鉄循環は、湿地や池などのゆっくり動く水源から流れだす水のなかで起こり、鉄の元素が電子を放出したり別の原子から受けとったりして、その化学形態が常に変化する。鉄分が多いと思われる土壌では、土がオレンジ色や赤みを帯びていれば、還元（電子の受容）より酸化（電子の放出）のほうが多く起きていることがわかる。酸化の反応を起こす細菌で最もよく見られるのは、酸性の環境で活発なチオバチルス・フェロオキシダンス（*Thiobacillus ferrooxidans*）、中性の環境を好むガリオネラ属、酸性かつ高温の状況で最もよく増殖するスルフォロブス属の3種類だ。チオバチルス・フェロオキシダンスは鉱山の採掘現場から流れだす廃水がしみこんでいる場所で、またスルフォロブスは硫黄泉で、それぞれ見つけることができる。鉄分が多くて深緑色や黒っぽい土では、酸化より還元のほうが多く起きている。嫌気性のジオバクター属、デスルフロモナス属、フェリバクテリウム属は、鉄や硫黄を還元する役割を担っている。

ヴィノグラドスキーの名は、このような代謝作用をすべてひとまとめにすることで自然界の細菌の活動を模した、単純な実験によって後世に伝わっている。「ヴィノグラドスキー・カラム（ヴィノグラドスキーの円柱）」と呼ばれるその実験には、背の高いガラス製の円筒型容器や広口瓶に、池や湖や海岸から採取した湿った泥を入れ、その上に水を満たしたものを使う。アマチュア科学者なら、細かくちぎった新聞紙（炭素のもと）と卵黄（硫黄）を足して、ガラス瓶をよく日の当たる場所に置いておく。すると6週間後には、底に近い酸素が欠乏した泥と上部の空気に触れる水とのあいだの酸素の量に応じて、泥に含まれていた細菌が集まってきて層をなす。はじめは細菌の数も少なかったはずだが、円柱のなかにさまざまな色の縞模様ができているので、細菌が高い密度にまで増えたことがわかる。縞模様のそれぞれの色が、円柱に入っている細菌の構成を示すヒントだ。

・青緑色のシアノバクテリアは、一番上の層で日光を受ける。

・明るい茶色の層では、硫化物を利用するベギアトア属とチオバチルス属が増殖している。
・さび色をした幅の広い、栄養豊富な層には、光合成細菌のロドスピリルム属がいる。
・赤いクロマチウム属は、低酸素の層で、筒の上層部を通過してきた微弱な光を光合成に利用する。
・緑色のクロロビウム属は、泥から湧きあがってくる硫化水素の気体を吸収する。
・茶色の、酸素が欠乏した泥には、硫化水素を生みだすデスルフォビブリオ属と、セルロース（新聞紙）を分解するクロストリジウム属が増殖している。

もし鉄還元菌がいるとすれば、円柱の底の酸素不足の堆積物のなかにいて、鉄酸化菌は堆積物の上に赤さび色の層をなす。

こうして、たったひとつのガラス容器のなかで、自然界で暮らす細菌の実際の活動を見ることができるのだ。ヴィノグラドスキー・カラムを、単純化した進化の小宇宙とみなすこともできる――酸素のない環境での嫌気性の活動から生命がはじまり、次に光合成へと進み、さらに酸素を吸う生きものが生まれた。

ヴィノグラドスキー・カラムは、数か月から数年、あるいは数十年にわたって、代謝をつづけていくことができる。また微生物学者は、一定の種類の代謝を強調するよう手を加えた円柱を作る。たとえば、鉄分の多い沼地や鉄泉から採取した堆積物を入れた円柱では、標準的なヴィノグラドスキー・カラムよりも盛んに鉄代謝が起こる。

フィードバックと生態系の維持

ベイエリンクとヴィノグラドスキーは、自然のままに混じりあった状態で細菌を研究したが、それは非常に画期的な判断だった。ふたりはそれによって、生態系という概念の意味を明確にするのを助けたことになる。ヴィノグラドスキー・カラムは、もっと大きい自然の生態系を単純化しているとはいえ、細菌のあいだの数々の相互依存を反映している。

順調に機能している生態系は、静止することなく、遷移と呼ばれるプロセスを経て常に進化する。大規模な例としては、木をすっかり切りはらわれた大地が、一番わかりやすい遷移を見せてくれる。むき出しになった地面にシアノバクテリアがたくさん育ちはじめれば、新しい生命が根づいた証拠だ。次にシアノバクテリアの一部が、環境に新しく入ってきた菌類と力をあわせて地衣類を形成し、養分の乏しい地面を覆いはじめる。次に苔がつづき、小さい植物がつづく。数か月がすぎるころには、茂みのような、もっと丈の高い植物が定着する。小さい樹木が生えると、その後何年もかけてだんだんに長く生きる大きな木が育つ。このような遷移が進むうちに、一部の種は姿を消してしまい、もっと複雑な新しい種が出現する。微生物の生態系も同じような遷移をたどることになる。

細菌が手つかずの生息環境にたどりつくと、そこは栄養が豊富で、競争もほとんどない。(自然界に完全に手つかずの生息環境はないが、洪水や火事などの自然の出来事によって生命の大半が失われ、新たな生きものが定着する準備が整った生息環境が生まれることがある。)そのような場所に一番乗りで定着する細菌はふつう、もともと数が最も多いか、ほかの微生物より速く増殖する微生物だ。それと同時に、その場所の環境条件にあらかじめ適応していることも大切な要因になる。こうして最初に住みついた細菌は、それぞれに固有の代謝のタイプに応じて、生息環境を変えはじめる。pHを変化させる細菌もあれば、酸素をすっかり使いつくしてしまうものや、単純な有機化合物を分泌するものもある。

変化した環境条件は、最初に定着した種より、別のグループの細菌にとって有利になることがある。たとえば酸を作りだす細菌は、だんだんに増えてたまった酸に囲まれ、最後には生きられなくなってしまう。ところが、有機酸を炭素源として利用する別の細菌にとっては、そこは栄養分がたっぷりの、住み心地のよい生息環境になるだろう。まれに、最初に定着した細菌が環境をあまりにも大きく変えてしまい、ほかの生きものがいっさい住めなくなることもある。たとえば、鉱山からの廃水にさらされた場所では、チオバチルス・フェロオキシダンスが増殖し、鉄と硫黄の化合物である黄鉄鉱を酸化して硫酸を産生するため、あたりはだんだん酸性に変わっていく。多彩な生命によって構成される生態系は、このような場所では発達できないので、そこは酸性が大好きな極限環境細菌だけが住める極限環境に変わってしまう。

健全な生態系が発達する過程で、食物連鎖の一番の基礎になるのは細菌だ。そこから、だんだんに複雑な生きものが定着していく。健全な生態系では、そうした新たな食物連鎖がさらに縦横のつながりを発達させる。こうして食物網ができあがっていく。

生態系は複雑であればあるほど、環境の変化に強い。わずかな食物連鎖で成りたっている単純な生態系では、すべてのメンバーが比較的少ない種に頼って生きている。だからひとつかふたつの種が姿を消しただけで、生態系全体が崩壊してしまう。それに対し、代わりの経路がたくさんあって、エネルギーや栄養分を共有できる複雑な生態系は、融通がきき、変化に順応できる。豊かな生物多様性はすべての生きものに恩恵をもたらし、この生物多様性は微細な生命のすみずみにまで広がっていく。

生態系には、そこに暮らす種の数と多様性をコントロールできる仕組みが備わっている。このコントロールのプロセスには、下から上、上から下の、2種類の方向がある。下から上へのコントロールでは、微生物が生態系の健全さの最も大切な決定要因となる。細菌が姿を消しはじめれば、その生態系の食物連鎖の土台も消えてしまうだろう。一方の、上から下へのコントロールでは、捕食者が生態系の健全さをコントロールする。生態系のそれぞれのメンバーが、獲物をとらえてその全体数を調節し、別のメンバーが爆発的に増えるのを防いでいることになる。自然が規則に杓子定規に従うことはめったにないので、生態系は両方のコントロール方法を取りまぜて利用する傾向がある。

どの生態系でも、生きものはその活動を調整するのに役立つフィードバックに頼って生きている。最もわかりやすい単純なフィードバックの仕組みは、食糧の供給だ――人は満腹になれば、それを感じ、食べるのをやめる。（そう願いたい。）環境にしっかり適応している細菌は、常に周囲の環境を感じとり、フィードバックシステムを用いてそれに対応する。たとえば飢餓の状態になると、バチルス属は芽胞に変わり、粘液細菌は子実体を作る。それでも生態系に劇的な変化が起きれば、フィードバックさえ、すべてのメンバーを救えないことがある。

微生物のブルームは、生態系がバランスを失ったひとつの例になる。ブルームは微生物の急激な異常増殖で、それが環境を様変わりさせ、ほかの種を傷めつけてしまう。ブルームは、水生藻類、原生動物、または細菌の急激な増加によって発生する。細菌のブルームの大半を引きおこしているのはシアノバクテリアと紅色硫黄代謝細菌だが、藻類のブルームにも細菌が関与している。淡水や海水の環境に窒素やリンが大量に、かつ急速に流入すると、シアノバクテリアと藻類が異常増殖する。農場から流れだした化学肥料や有機肥料を含んだ水が、ブルーム発生の最大の原因だ。ふだんは窒素とリンが少ない水に、これらの栄養素がどっと押し流されてきて栄養分が急に豊富になれば、同じように微生物も急に増える。微生物の密度が高くなるにつれ、水中には光合成によって放出された酸素が増え、さらに死滅した細胞というかたちで栄養分も注がれることになる。すると従属栄養細菌（糖、繊維、アミノ酸、脂肪を利用する細菌）がその栄養分を取りいれて増えはじめ、第二のブルームが発生する。

第二のブルームを起こした細菌は光合成細菌ではないので、酸素を放出しない。そればかりか、急増した従属栄養細菌が周囲の水に含まれていた酸素を使いつくす。酸素がなくなると、まもなく他の生きものは姿を消す――魚、甲殻類、小型の無脊椎動物は、窒息死してしまうからだ。栄養素の流入とそれにつづく生態系のアンバランス化は、富栄養化と呼ばれている。ブルームの原因となる最も一般的な細菌としては、シアノバクテリアのアナベナ属とノストック属が知られている。

シアノバクテリアのブルームは、今では世界中の沿岸地域や一部の河川で毎年発生しており、水中の生きものに害をおよぼすだけでなく、健康への脅威にもなっている。シアノバクテリアが毒素（シアノトキシン）を産生するからで、その毒素は細菌の数が減ったあとまで水中に残る。１９９３年にはブラジルで、シアノトキシンによる深刻な水質汚染が発生した。このとき入院中だった透析患者50人が死亡したのは、病院で治療に用いていた水の水源が、ミクロキスティス属のシアノバクテリアが放出したミクロキスチンという毒素によって汚染されていたためだった。（水処理の技術が発達して、病原菌を取りのぞけるようにはなったが、抗生物質、ホルモン、化学物質、毒素まではなかなか除去できないのが現状だ。）

嫌気性細菌のブルームは、紅色硫黄代謝細菌のクロマチウム属、チオカプサ属、またはチオスピリルム属が、手に負えないほど増殖することによって起こる。これらのブルームは通常、沼地やラグーンの酸素が足りない水で発生し、水面に紅色の光沢があらわれるので、すぐにそれとわかる。

季節の移りかわりや日照時間の減少とともに、たいていのブルームは自然に消えていくが、世界にはシアノバクテリアのブルームが毎年発生する場所がいくつかある。五大湖、アメリカ西部、太平洋の多くの島々、ヨーロッパの湖や川に、やっかいなブルームが毎年姿をあらわす。

湖でも、暗い場所に住む嫌気性の紅色細菌によってブルームが引きおこされることがある。湖底深くに堆積物がたまった栄養豊富な湖では、堆積物の層のすぐ上にクロマチウム属やクロロビウム属の群集が生まれるほど、嫌気性細菌が大量に発生する。これらの2種には、有光層（海洋や湖などで太陽光が届き、生物が光を感じる限界までの層）を通過してきた微弱な太陽光をキャッチできる並外れた能力がある。嫌気性細菌が急増すると、湖はほかの生きものが住めない状態に変わってしまう。

1970年代には、スペインのシソ湖で発生した硫黄代謝細菌による嫌気性のブルームが、研究者の注目を集めた。湖底の堆積物から硫化水素が放出され、その量があまりにも多かったために湖全体に広がり、他にほとんど類を見ない酸素の欠乏した湖ができあがったのだ。このような状況で嫌気性の硫黄代謝細菌が大量に増殖し、シソ湖の湖底には硫酸塩が豊富に含まれた水が流れこむとともに、上層にはこの細菌がいっぱいの水があふれた。酸素が不足しているほかの湖では、ほとんどの場合、一番上の層にシアノバクテリアが増殖し、その下にクロマチウム属の層があり、さらにその下にずっと暗い色をした、硫黄がたくさん含まれた水が横たわっている。こうした生態系では、魚などの動物が暮らすことはできない。

マクロ生物学

最適な状態の生態系は、バランスを失ったりしない。湖、土壌、反芻胃、昆虫のなかと、どんな場所であっても、生態系のメンバーはその個体数をみずから調整する傾向がある。これらの生態系はすでに詳しく研究され、微生物学を学ぶ学生の研究モデルにもなってきた。一方で、どのように機能しているかまだほとんどわかっていない生態系もある。

発光細菌のビブリオ・フォスフォレウム（*Vibrio phosphoreum*）は１９７０年代に、一部の深海生物（ハダカイワシ、アンコウ、クラゲやウナギ）の特殊な分泌腺で発見された。その後、アラスカのサケからも見つかっている。水中の生態学でのこれらの細菌の役割は何だろうかと、科学者たちは頭を悩ませている。この細菌が青みがかった緑色の光を発するのは、ルシフェリンという発光物質をもっているためで、ホタルが発する光にも、船乗りが航海中の夜の見張りで目にする燐光にも、同じ物質がかかわっている。発光細菌は魚の役に立っているのだろうか、それとも宿主のほうが細菌の役に立っているのだろうか？　おそらく、両者はいっしょに暮らしていても互いのことをまったく気にかけていない、中立的な関係だと考えられる。

細菌と地球の生態系の関係について、微生物生態学者がこれまでに解明できたのは、ほんの表面のわずかな部分にすぎない。地球の奥深くのマントルや海面から何千メートルも下の深海など、近づくことがほぼ不可能な細菌の生息環境のことを考えると、科学者たちの難題はさらに増える。

微生物学者の研究範囲が、地表から3000メートルあまり掘り下げた地底へ、また極地の氷床の地下1500メートルへと広がってから、まだ10年ほどしかたっていない。生態学者が地球上の細菌の働きを説明するために用いている情報は、地表のごく近くか、地表に暮らす種から得たものばかりだ。そこで地下微生物学が、地下深くに生息する細菌が地表の生命にどのように貢献しているかという疑問に答えようとしている。それらの細菌は暗闇で何を食べているのか？　地表の生きものの進化にどう関係しているのか？　ほかの惑星に住む生命と、わずかでもつながりはないのか？

米国エネルギー省は1986年に地下微生物学のプログラムをスタートさせた。地下200メートルあまりの帯水層まで掘った井戸では、多様な新種の細菌が発見されている。また研究者たちは地質学者と水文（すいもん）学者の助けを借りながら、地下深部の掘削を試みたり、鉱山の採掘坑をたどって地底にもぐったりしている。こうしてどんどん深くまで調べるにつれ、有機化合物に頼る細菌より、無機物を利用して生きる細菌の数が増えていくのがわかった。

宇宙物理学者でNASAのコンサルタントをしていたトーマス・ゴールドは、その著書『未知なる地底高熱生物圏』で、海洋の食物連鎖は水中の微小な海洋生物からではなく、地下深部の岩石圏（リソスフエア）でははじまっているという仮説を立てている。ゴールドの考えによれば、これらの地下の好熱菌は未開発の巨大な油層に含まれるメタンと炭化水素を利用して生きていて、私たちの究極の祖先である地球最初の生命に最も近い親戚だ。生命は地表で誕生したのか、それとも地下深くで誕生し、のちに地表まで到達したのか？　ほとんどの微生物学者の日常の研究からかけ離れたところで、論争は静かにつづいている。そして深海の熱水噴出孔に住む細菌が、まだ起源がわかっていないという理由から、この論争の中心的存在になっている。

アメリカのサウスダコタ州にあるホームステイク金鉱山の地下２５００メートルの場所に、地下物理研究所を建設する計画がある。微生物と地層の相互関係を研究している地球微生物学者たちは、完成を心待ちにしている。だが工事を進めるには、まず水の浄化、設備の搬入と設置、通常より高い放射線量への対応という難問を解決しなければならない。さらに、特殊な細菌を実験室の条件下で増殖させるというハードルにも直面することになる。

微生物学者たちは、地球の石油と地下細菌とのつながりを探りつづけている。世界中の油田には、炭化水素にさらされ、地下４０００メートルにかかる途方もない圧力と85℃という高温に耐えて生きている細菌がいる。油田から採取された種についてのごく初期の研究から、その多くは地表の種と関係があることがわかった。油田細菌は2億年から5億年ものあいだ、ほかの生きものから隔離され、封じこめられてきたことを考えれば、それは驚くべきことだ。この発見に対し、細菌があとから油に紛れこんだのではないかという懐疑論者のもっともな追及をかわすために、科学者たちは試料採取用の小型カプセルを作った。このカプセルは油田に達したときにはじめて開き、そこで試料を封入したまま、地表で回収できる。

石油微生物学という新しい科学の時代が幕を開けた。石油の精製、化石燃料に代わる燃料の発明、原油流出事故の後始末に、細菌はとても重要な役割を果たすことになるだろう。微生物学は油を利用して生きている細菌について、さまざまな計画をもっている。油田から採取した細菌の遺伝子を分析し、それらを地表に住む土壌細菌の遺伝子と比較することによって、微生物学者が新しい油田を探しあてられるかもしれない。ふたつのグループの細菌に類似した遺伝子配列が見つかれば、地表の微生物はその場所の地下にある油田からしみだしている油で生きていることになる。

石油と地球の生態学、あるいはマクロ生物学とのあいだの関係は、複雑だ。それでも、石油の起源とその未来の中心には、確かな存在として細菌がある。

7 気候、細菌、1バレルの石油

ラブラドル半島西部からグリーンランド南西部までつづく内陸氷冠（アイスキャップ）のはずれに、イスア岩体と呼ばれる帯状に連なった岩が地上に姿をあらわしている。ここには、これまでに地球上で見つかった最古の岩――38億年前の岩がある。そしてイスア岩体には化石となった生命の痕跡が散りばめられており、その炭素を分析した結果から、光合成をするシアノバクテリアの祖先がいたのではないかと考えられている。

イスア岩体が生まれつつあった時代、地球の大気に酸素は含まれていなかった。原初の光合成微生物が、日光と二酸化炭素、それに地球上の元素（窒素、硫黄、リン、塩、金属）を利用して、命をつないだ。まだ原始的なその光合成反応は、わずかな量の酸素しか放出できない。そうやって微生物が作りだしたほんの少しの酸素は、大気中の化学的に不安定な化合物にすぐとらえられてしまい、残りは海に吸収された。けれども22億年前までには、海に溶けこんだ酸素がいっぱいになったので、大気中にも酸素がたまりはじめる。およそ20億年前になると、大気中の酸素の量が安定しはじめた。

進化とは、種の生き残りに有利な、ほんのわずかな個々の適応によって、個体群全体にある変化が生じることだ。地球上での酸素の蓄積は、現在私たちが原始的なシアノバクテリアと考えている光合成微生物の数が安定したことを伝えている。少なくとも20億年前には、シアノバクテリアがふたつの進化の経路に枝分かれした。一方の枝は植物の発達につながる。（遺伝子分析によれば、この経路からさらに枝分かれして、古細菌が進化する。）そしてもう一方の枝は、現代のシアノバクテリアと、そのほかの細菌へとつづいている。

科学者は細菌のDNAを分析し、ほとんどすべての細菌に、進化でたどった経路の名残であるDNAの塩基配列が含まれていることを発見した。つまり、細菌はあまりにも長いあいだ遺伝子を交換しあってきたので、その進化がたどった経路はそれぞれがまっすぐのものではなく、網の目に似たものになっているのだろう。微生物学者のなかには冗談半分で、世界中に何千という細菌の種がいると推測するより、細菌すべてがひとつの巨大な種に属し、そのなかに無限ともいえる親戚の系統図があると考えたほうがいいと主張する者もいるほどだ。

どれだけ多くの経路をたどったにせよ、光合成の進化はほかの生物相の発展を加速させた。微生物生態学者のパトリック・ジジェンバが、「光合成の進化は、地球上の生命の歴史にとって最も重要な代謝上の発明だ」と結論づけているが、まさにそのとおりだと思う。酸素の割合が０・１パーセント（およそ28億年前）から1パーセントへ（20億年前）、さらに10パーセント（17億５０００万年前）へと増えるにつれて、細菌の多様性も増した。酸素が現在と同じ濃度に達するのは、5億4300万年前から4億9000万年前のカンブリア紀になってからだ。このころ生命の多様性が突如として急激に豊かになったので、科学者はこれをカンブリア爆発と呼んでいる。地球初の細菌が進化するまでには、現在の高等植物と動物が進化するよりも長い時間がかかった。

生命は何億もの異なる形態へと進化してきたが、細胞のなかでエネルギーを生みだす好気性または嫌気性の仕組みは、それとは不釣り合いなほど多様性に欠けている。解糖と呼ばれている経路は生きものすべてに共通していて、これが生命の普遍的な経路になる。細菌は、人間やほかの動物たちと同じように解糖を利用して、ブドウ糖をピルビン酸に分解してわずかなエネルギーを得ている。解糖のあとで各種の細菌が用いる代謝作用は、変化に富んではいるが、限られている。光合成と解糖のほかに細菌が使うのは、嫌気性発酵、嫌気性または好気性の呼吸、それにこうした主な代謝経路から分岐しているいくつかの特殊な代謝だけだ。

大気中に酸素がたまり、好気性の生きものの呼吸に酸素が使われるようになったとき、石油の物語が幕を開ける。陸地でも海のなかでも、幅広く多様化した生命の食物連鎖が生まれた。細菌、原生動物、藻類、ワーム、甲殻類が、食われるものと食うものの階層を作りだす。死んだ細菌、無脊椎動物、プランクトン、先史時代の多細胞生物の残骸が、海にのみこまれる。大小さまざまな生物の死骸のほとんどは、沈む途中でほかの動物に食われてしまい、海底までたどりつくことはない。それでも何千年もたつうちに、海の生きものの数も増え、漂いながら沈んでいく有機物の量も多くなって、海底の堆積物が厚く積もっていった。

沈んで有機堆積物となった種が多様性に富んでいたので、堆積物にはいろいろなかたちの炭素が含まれることになった。地球上には現在、わかっているだけでも１４０万の種がいて、まだ見つかっていない、同定されていない種はその10倍にのぼると推定されている。今まで生き残っている種の何倍もがすでに絶滅しているが、それでも今の生物多様性は、カンブリア爆発からそのまま受けつがれたものだ。それは地球の歴史のなかで、酸素を利用する仕組みのほうが、酸素を利用しない仕組みよりも急速に広まった時期だった。

石油の物語

植物と動物を作っている物質は、大昔にも今と同じように、細菌の働きによって分解された。海底の有機物のそれぞれの層が、それより上にある層の重さによって押しつぶされるようになると、圧力をうけて水の分子が追いだされていく。積もった堆積物は密度の高い炭素化合物が混じりあったものとなり、その大半は炭化水素だった。炭化水素は炭素が単結合して長い鎖状になったもので、炭素原子はどれも水素原子と飽和している。数百万年以上の時がたつうちに、炭化水素は圧力によってどんどん地球の内部へと押しやられ、茶色がかった黒の、硬い固体になった。この固体を顕微鏡で覗くと、植物や海洋性無脊椎動物、貝殻などの破片とともに、化石化した細菌が見える——これを化石燃料と呼ぶ。

この硬くて黒い物質から石油ができるには、有機物と圧力と時間と周囲の岩の性質との、絶妙な組みあわせが必要になる。上からの圧力が、有機物のかたまりを地球の中心に向かって押しつけると、その温度は80℃ほどまで上昇した。たっぷり時間を与えられた熱と圧力は、黒い岩を液体に変え、そのなかでは炭化水素の鎖が切れて、もっと短い鎖の不均質な集まりができた。それからまた圧力が、液体をまわりの多孔質の岩の微細な孔に押しこんでいった。液体が網の目のようにはりめぐらされた孔で圧搾されるにつれ、細菌の細胞膜を作っていた成分が混じりあって、水をはじく性質が高まっていった。こうした過程を経て、原油ができていった。

地下5000メートルあまりの場所では、石油は液体というかたちを保っている。しかしそれより深いところでは、非常に大きい圧力と熱のせいで炭化水素はさらに分解され、メタンなどの天然ガスになる。浅いところでは炭化水素は固体のままで、石炭になる。

微生物学者は、化石燃料ができるまでに細菌が不可欠な役割を果たしたことを知っている。それでも、場所ごとに石油の炭化水素の組成を変えた細菌の代謝作用を、すっかり解明できたわけではない。網目状の微細な孔に原油を含んだ岩（油頁石（オイルシエール））には、現代の光合成細菌がもっているものによく似たクロロフィル（葉緑素）色素が見つかっている。微生物生態学者のクロード・ゾベルは、細菌が存在しなければ石油はできなかったはずだと言い、次のような理論を打ちたてている。まず地下の細菌が最も長い炭化水素に作用して、もっと短い（それでもまだ長い）炭化水素にする。原油には炭素数が8個から80個までの炭化水素が含まれており、相対的な組成は油田ごとに、また同じ油田のなかでも、さまざまに異なっている。何世紀もの時をかけて、炭化水素を分解する嫌気性細菌が炭素原子を水素で飽和させてきた。それらの嫌気性細菌は天然ガスを生みだすのにもひと役買っていて、それは反芻動物とシロアリの体内で作られるメタンとまったく同じものだ。

堆積の過程はとどまることなくつづくから、化石燃料は枯渇することのない資源とみなすことができる。有機物は絶え間なく地下深くに沈みつづけ、最終的には細菌がもっと石油を作っていくだろう。ただしその過程は、人間には理解できないような時間の尺度にわたっている。

今ではほとんどの人が、地球上で手に入る石油の量に対して、消費のペースが速すぎることをわかっているはずだ。サウジアラビアの石油の専門家、サダド・I・アル・フセイニは、2000年に、世界の石油埋蔵量は2004年ごろ横ばいになり、その横ばい状態も15年はもたないだろうと計算している。この横ばい状態が終わったあとには、精製が難しすぎる、あるいは経費がかかりすぎる石油だけが残る。アメリカではすでに1970年代はじめに、この限界を超えてしまった。70年代、はるばる地球を半周してアメリカに原油を運びこむタンカーの数が増え、頻繁に原油流出事故が起きたのは、この石油不足を象徴する出来事だった。

細菌は、第二世代、第三世代の代替エネルギーを作りだすのに役立つ。細菌の遺伝子を、人類の全人口が必要とする規模で炭化水素の燃料を生産するように組み換えることはできるだろうか?

細菌の力

海洋の動物も陸上の動物も、精製されていない原油を体内に取りこめば、生きてはいけない。石油の芳香族炭化水素は、炭素環の構造をもつ化合物で(ベンゼン、トルエン、キシレンなど)、細胞組織や酵素、神経系を傷めてしまう。ところが細菌から見ると、原油は炭素が豊富で消化できる食べものだ。そこで生物工学の専門家は、この過程を逆転することを考えた。

カリフォルニア州にあるＬＳ９のようなベンチャー会社は、大腸菌などの細菌を遺伝子操作して、炭化水素を作らせている。それを製油所で燃料に変えれば、従来の製油所のように硫黄を含んだガスを出さずにすむ。微生物学者は、細菌の脂肪酸合成にわずかに手を加え、細胞が脂肪ではなくガソリンを産生するように仕向ける方法も知っている。遺伝子操作された種はまもなく、決まった長さの鎖でオクタン価を調整して、炭化水素を大量生産するかもしれない。

大手石油会社が軽くて質のよい原油を掘りつくすにつれ、油脈に残っている原油には重くて精製の難しいものの割合が高くなってきた。地球微生物学者たちは今、重質の原油を燃料機関で使える品質の高い燃料に変える細菌を探している。現在の石油回収率をたった5パーセントでも上げることができれば、世界の石油供給にかなりの影響を与えられるはずだ。

窒素を固定する細菌、つまり空気中から窒素の気体を直接取りこむ細菌は、水素の気体を放出するが、これが化石燃料に代わる燃料としてもてはやされるようになった。従属栄養細菌、一部の光合成細菌、そして嫌気性細菌が、通常の代謝の一部として水素を生みだす。細菌を使って未来の燃料として水素を生産するには、光合成のための日光が入るよう設計された巨大な発酵タンクを用意し、複数の種をうまく組みあわせる必要があるだろう。たとえば、水素を放出する嫌気性細菌を、光を吸収してシステムにエネルギーを供給する嫌気性光合成細菌と組みあわせる、といった方法が考えられる。

水素の製造に現在採用されている化学的な方法では、水の分子を水素と酸素に分けるために、コストが高く、技術的にも難しいプロセスが使われている。それに対して細菌は、ヒドロゲナーゼという酵素を利用して水を水素と酸素に分け、必要なエネルギーは現在の製造工場で同じ反応を起こすより少なくてすむ。一部の細菌のヒドロゲナーゼでは、少量のセレン、鉄、ニッケルを与えるだけで反応を安定させることができる。さらに、約60℃で反応し、金属を追加する必要のない、好熱菌クロストリジウム属の研究も進んでいる。

オックスフォード大学では、化学者たちが二酸化チタンの微小なビーズの表面に、ヒドロゲナーゼと光に反応する染料を固定化した。このシステムでは、光合成細菌が太陽エネルギーをとらえて、独自にエネルギーを供給できる。これまでの化学工場では、同じことをやろうと思ってもできない。

これと似た日光を使わないシステムにも、大腸菌ヒドロゲナーゼを、カルボキシドテルムス・ヒドロゲノフォルマンス（*Carboxydothermus hydrogenoformans*）由来の一酸化炭素デヒドロゲナーゼ酵素（ＣＭＤ）とともに用いるものがある。ＣＭＤは、一酸化炭素を分解する働きをもち、その反応をまとめると次のようになる。

一酸化炭素（CO）＋水（H_2O）→二酸化炭素（CO_2）＋水素（H_2）

この反応の触媒の働きをするＣ・ヒドロゲノフォルマンスは、オホーツク海に位置する国後島にある淡水温泉から１９９１年に探しだされた嫌気性細菌だ。まだよく知られていないこの微生物は、世界でもほとんど培養されていないが、そのひとつはブラウンシュヴァイクのドイツ微生物菌株保存機構に保管されている。

鋭い読者なら、右に示した反応では、温室効果ガスの一酸化炭素を減らせるとはいえ、地球温暖化のもうひとつの問題児である二酸化炭素ができてしまうのに気がついたにちがいない。科学者たちはこれまで、空気中から二酸化炭素を減らそうと、さまざまに頭をひねってきた。たとえば、二酸化炭素を吸収して地中深くに注入する巨大なフィルターを、あちこちに設置するというアイデアもある。あるいは海に養分をまいて藻類やシアノバクテリアを増やし、二酸化炭素をたくさん消費させればいいと考えた人もいる。

細菌の世界で二酸化炭素を消費する種は少数派だ。化学合成無機栄養生物（無機塩類と二酸化炭素だけで増殖する）と光合成無機栄養生物（日光と二酸化炭素で増殖する）が、大気からこの気体を取りこむ。また二酸化炭素を消費する大切な仲間として、暗い場所に住む種もあり、そこで有機物を消化して、地球がいらないものでいっぱいになるのを防いでいる。

ウシとゴキブリの共通点は？

下水処理場、ゴミの埋立地、湿地に沈殿した腐植土から発生するメタンガスは、おもにメタン生成古細菌によって作られる。メタン菌と呼ばれるこれらの古細菌は、細菌とやりとりしながらともに繁栄し、生態系を維持している。

メタン菌は、ウシ、ヤギ、ヒツジ、シカ、ゾウ、そのほかすべての反芻動物と、ゴキブリ、シロアり、甲虫、ヤスデなどの数千にのぼる節足動物すべてを生かしている。これらの動物の消化管には、古細菌、真正細菌、真核生物という生物の3つのドメインすべてに属する微生物が、さまざまに入り混じって住んでいる。真正細菌と古細菌は第一胃であるルーメンの壁とそこに入ってくる飼料にとりつき、原生動物は液体のなかにいることが多い。

　ウシがもっている4つの消化器官――第一胃（瘤胃(ルーメン)）、第二胃（網胃）、第三胃（葉胃）、第四胃（皺胃）――は、発酵のために進化したものだ。反芻動物は土から引きぬいた食べものを、ほとんど噛みくだかない。草が唾液とよくまざる程度に噛んで、そのかたまり（食塊）をルーメンにつづく食道に流しこんでしまう。ウシのルーメンは大きければ150リットルを超える容量をもち、なかは乳頭突起と呼ばれる小さい突起が果てしなく並んで、ドラム式洗濯機の内部のようになっている。この構造のせいで、ルーメンの内壁は吸収の効率がよく、また微生物がとりつく場所も多い。ルーメン液は、草を食べているウシではケリーグリーン（鮮やかな緑色）だが、おもに干し草を食べているとオリーブグリーン（暗い灰黄緑）に変わる。食道からはおよそ1分ごとに1回、食塊がまるで魚雷のようにルーメンに向かって投げこまれる。胃のなかの液で食塊がやわらかくなると、ウシはそれを口のなかに吐きもどし、もういちど噛む。こうして「反芻」したあと、食塊がふたたびルーメンに入ると、こんどは細菌と原生動物が繊維質の消化を引きうける番だ。ルーメンの中味がバシャバシャと振りうごかされるにつれて、大きいかたまりは吐きもどされる一方、小さくて濃いかたまりは腸に向かって送られ、そこでもまたちがう細菌の集まりが消化をつづける。

　ルーメン液を1滴、またはゴキブリの内臓の中身を少し、スライドグラスにのせて顕微鏡で覗けば、細菌の集団を見ることができる。球菌と桿菌がひょいひょいと動きまわる。１秒おきくらいにらせん菌が視野を横切る――まばたきすれば見逃してしまうだろう。原生動物も登場してはまたどこかに行くが、細菌の隣にいると巨大な存在だ。これらの真核生物は、細菌の20倍から１００倍以上もの体積をもっている。鞭毛をもった原生動物がときどき思いだしたように顔を出し、繊毛に身を包んだ別の原生動物は勢いよくビュッと通りすぎる。

消化を受けもつ嫌気性細菌のほとんどは、ほんのわずかな酸素にも耐えられないので、大腸菌とは異なっている。このように超がつく嫌気性の細菌（微生物学者は偏性嫌気性菌と呼ぶ）には、バクテロイデス属、ブチリビブリオ属、クロストリジウム属、ユウバクテリウム属、ラクトバチルス属、ペプトストレプトコッカス属、ルミノコッカス属、セレノモナス属、ストレプトコッカス属、サクシニモナス属、サクシニビブリオ属、ベイロネラ属がある。ウシには、ラクトバチルス属、クロストリジウム属、大腸菌もいる――人の命にもかかわる大腸菌Ｏ１５７の最大の感染源はウシで、農場の廃棄物が食品を汚染するとあぶない。少なくとも20種の古細菌と50種の原生動物も、ウシの消化管に住みついている。

繊維（セルロース、ヘミセルロース）と多糖類がルーメンに入ると、細菌がこれらの大きい化合物をもっと小さい糖に分解して、エネルギーにする。原生動物は糖を食べて生きているが、糖だけでなくさまざまな細菌と古細菌も食べる。古細菌のメタン菌は、二酸化炭素のほか、ルーメン液に含まれているビタミンとミネラルを利用する。

ウシが草と穀物から直接とる栄養素は、それほど多くない。反芻動物は、ほとんど細菌が作りだす揮発性の化合物に頼って生きていると言える。揮発性脂肪酸（VFA）と呼ばれるそれらの化合物には、酢酸（炭素2個）、プロピオン酸（炭素3個）、酪酸（炭素4個）があり、動物の腸の壁を通過して血流に入っていく。しぼりたての牛乳の脂肪分と風味は、乳腺が炭素鎖の短いVFAから鎖の長い脂肪を合成したことで生まれている。ヤギは同じ3つのVFAから配列の異なる脂肪を作りだすので、ヤギの乳製品はウシのものとは違う風味になる。

ウシはアミノ酸とビタミンの大半を細菌からもらい、それを消化酵素で分解する。人間の場合とは違って、反芻動物の口に入るタンパク質はとても質が悪く、含まれるアミノ酸の種類が限られている。それでも生きていけるのは、消化管にいる細菌が、吸収できるアミノ酸の種類を増やしてくれるからだ。

ウシは一日の時間の3分の1を食べるのに費やし、3分の1を反芻、つまりルーメンから吐きもどした食塊を噛むのに費やし、残りの3分の1を休む。この休み時間が、細菌にとっては活動のピークだ。大きい分子が発酵によってVFA、二酸化炭素、少量の水素に分解される。腸内に二酸化炭素がたまると、すぐにこれらの反応は止まってしまう。メタン菌は、発生した二酸化炭素を吸収する大切な役割を果たし、それを次のようにメタンに変える。

二酸化炭素（CO_2）＋水素（H_2）→メタン（CH_4）

60リットルの大きさのルーメンをもつ乳牛は、一日に260リットルから520リットルのメタンガスをゲップで吐きだしている。世界中の家畜と野生の反芻動物から発生するメタンは、大気に放出される全体量の約22パーセントを占め、年間１００万トンにのぼる。メタンガスは二酸化炭素の20倍以上の温室効果作用をもっているから、反芻動物は地球温暖化に追いうちをかけていることになる。メディアは、地球温暖化の大きな原因のひとつは反芻動物の腹にたまるガスだと遠慮がちに書くが、ほんとうの原因は吐きだされるゲップだ。

微生物学者がウシのルーメンのなかで実際に何が起きているかを調べるには、腹に穴（瘻孔）をあけたままの牛を使う。オレンジくらいの大きさをした穴は、からだの外からルーメンのなかに通じている。ウシのルーメンの左側の壁は腹の左の面にぴったりついているので、からだの外からルーメンの内側までの距離は10センチもない。獣医がウシの左腹に穴を設ける外科的手術をしても、患畜はあっという間に元気を取りもどし、手術から２、３時間もするとまた食べはじめる。（人間は何日も食べなくても生きていられるが、反芻動物は24時間何も食べないでいると、命にかかわる重病になってしまう。）ゴム引きのドーナツ型をした装置（ルーメンカニューレ）が装着された穴は、プラスチックの蓋でピッタリ閉じることができる。この蓋を開けると、なかからメタンガスが噴出する。

ゴキブリも反芻動物によく似たプロセスを利用するが、ここでは原生動物がもっと積極的な役割を果たしている。この昆虫の腹のなかに住む原生動物の、そのまたなかに住む細菌と古細菌が、消化の化学反応を起こしているのだ。原生動物は、自分のなかの原核生物が生きるための栄養素を取りいれるとともに、ほかの原生動物によって食われてしまわないように守っているらしい。その結果、ワモンゴキブリをはじめとしたゴキブリが出すメタンの80パーセントは、その原生動物によって作られる。

反芻動物、ゴキブリ、シロアリの消化管内に住む原生動物は、宿主と相利共生で暮らしている。シロアリの場合は、共生生物のなかに、また共生生物がいる。この昆虫は繊維を分解する酵素をもっていないため、腸内の原生動物に木質繊維の消化をまかせている。ところがトリコニンファ・スフェリカ（*Trichonympha sphaerica*）のような原生動物は、木をほとんど消化できない。そこで、そのまた体内に住むスピロヘータ菌（らせん菌）に頼ることになる。この細菌はセルロースを分解するセルラーゼという酵素を出すので、昆虫、原生動物、細菌のすべてがその恩恵をこうむっている。

別のグループの細菌は、シロアリの体内にいる原生動物の外側にくっついて暮らしている。いくつかのらせん菌と、そのほかの棒状の桿菌が、原生動物の繊毛と繊毛のあいだの溝に列をなしてきれいに並んでいる。電子顕微鏡写真を見ると、曲線を描くらせん菌が端から端までびっしり並び、調和して波うっている様子がよくわかる。原生動物は、自分の繊毛と、何千というらせん菌の鞭毛の協調したうねりを組みあわせることによって、なめらかな推進力を生んで進む。原生動物が細菌に行き先を命令しているのか、それとも細菌が原生動物の行く先をコントロールしているのか、まだわかっていない。その答えがどちらであっても、原生動物にとって細菌はなくてはならない存在だ。もし細菌がいなくなれば、原生動物は水のなかで身動きがとれなくなってしまう。

微細な発電所

１９９０年代、アル・ゴアによる根気強い地球温暖化対策の呼びかけに応じて、科学者たちは世界の主なメタンガス発生源を調べあげた。二酸化炭素の20倍以上の温室効果をもつメタンは、地球温暖化対策キャンペーンの戦略目標となったのだ。科学者は、反芻動物と昆虫の腸内発酵によって発生するメタンが、大気中に放出されるメタンガス全体の25パーセント近くを占めると見積もった。牛の排泄物からの発生が、さらに7・5パーセントを占める。

ゴミ埋立地や排水処理場のような人工的な構造物から発生するメタンガスの場合、すでに半分以上がエネルギー源として利用されるようになった。ところが、湿地、沼、厩肥の山、家畜や野生の反芻動物から発生するメタンは、そのまま大気中に放出されている。成長したウシは一日に14キロほど糞をするから、アメリカ全体で飼われている1億頭のウシは毎日140万トンの糞を厩肥の山に加えている計算だ。民間電力会社のセントラル・バーモント・パブリック・サービスは、厩肥から発生するメタンを利用した、いわば「ウシ電力」を、3000以上の住宅と企業に供給している。バーモント州の酪農家がバイオガスの供給源である厩肥を提供し、電力会社がガスのエネルギーを電気エネルギーに変えて、電力として利用できるようにする。

自然界でも試験管のなかでも、細菌は常に最も効率のよい経路をたどって、栄養源を見つけ、吸収し、代謝している。従属栄養生物はエネルギー源として糖、繊維、アミノ酸、脂質を利用しながら、新しい細胞を生みだしている。独立栄養生物と呼ばれる（無機栄養生物ともいう）そのほかの細菌は、それほどいろいろな栄養源を必要とせず、細胞を作るもとになる水と二酸化炭素、エネルギー源となる日光と金属があればいい。独立栄養生物は、有機物がまったくない石の上でも、栄養素がゼロで半導体の製造に使われる超純水のなかでも増える。地下微生物学で発見されている細菌は、すべて独立栄養生物だ。それらの細菌は、水と玄武岩のあいだの化学反応からほんのわずかなエネルギーを得て、隙間に残った少量の空気から窒素と硫黄を取りこんでいる。

従属栄養生物と独立栄養生物のエネルギー生産は、細胞壁のすぐ内側にある二層構造の細胞膜のなかで行なわれる。細菌のエネルギー生成は、化合物から化合物へと電子を段階的に移動させる点で、人間のエネルギー生成に似ている。その移動ごとに少しずつエネルギーが生まれる。人間は、ほとんどの電子の移動にシトクロムという膜結合タンパク質を使用しているが、細菌は色素を利用する。海洋性および淡水性シアノバクテリアの青緑の色あい、硫黄および鉄代謝菌が生みだす温泉の鮮やかな色彩、光合成細菌が住む緑や紫の干潟は、どれも細菌が活発に活動している証だ。

細菌を利用して、燃料というかたちのエネルギーではなく、エネルギーを直接生みだすこともできる。マサチューセッツ大学の微生物学者、デレク・ラブリーとジェンマ・レグエラは、バイオフィルムの細胞と細胞のあいだに、微小な繊維（フィラメント）ができることを発見した。これらのフィラメントは電流を流す「ナノワイヤー」として働き、電子がバイオフィルムを通って移動するとき、細胞の集まりがこれをおよそ10倍に増幅する。いつかは、エネルギー供給会社が巨大なバイオフィルムに糖と酸素を与えて発電すると同時に、光合成の副産物としてきれいな水を作りだす日がくるかもしれない。藻類とシアノバクテリアはどちらも、この機能を果たすことができる。バイオテクノロジーは微生物の遺伝子を組み換えて、水素とエタノールを作ることもできるだろう。

廃棄物問題

細菌は、土、地表水、地下水に含まれた汚染物質を分解することができる。たとえば、殺虫剤、自動車の燃料やジェット燃料、塗料、有機溶剤、土に埋まった銃弾などだ。バイオレメディエーションの科学者は、これらの汚染物質を代謝する細菌から遺伝子を取りだし、それを自然界でより速く増殖する細菌に挿入している。バイオレメディエーションの研究室では、化学物質を分解する、水銀のような金属の毒性を除去する、あるいは放射性化合物を分解するさまざまな細菌が作られた。特殊な生物反応器(バイオリアクター)（生体触媒を用いて生化学反応を行なう装置）では、その内側の面にバイオフィルムを育て（図7・1）、この容器を通る水から汚染物質を取りのぞくことができる。バイオレメディエーションでは、炭鉱や鉱山から流れだす酸性の廃水に住む細菌も研究している。アメリカの計1万5000キロを超える大小さまざまな河川に、昼夜を問わず流れこんでいる有害な廃水だが、そのような水のなかでも増殖できる細菌なら、鉱害の浄化のために遺伝子操作する細菌に完璧な遺伝子を提供してくれるだろう。

廃水処理プラントでは、流入する水にさまざまな好気性細菌を混入して、含まれている物質の分解に利用している。この処理は、どす黒い水で満たされた屋外の大型水槽で進められる。細菌を育てるために巨大な回転翼(パドル)を使って懸濁水をかきまぜながら、たえまなく空気を送りこんで泡だてる。処理が終わった廃水に塩素を加え、病原菌も善玉菌も区別なく殺してから、環境に戻す。重くて水槽の底に沈んだ汚泥のほうは、密閉されたタンクのなかで、嫌気性細菌によってさらに消化される。

(a) 銅とニッケルの合金面のあちこちに細菌が付着する。

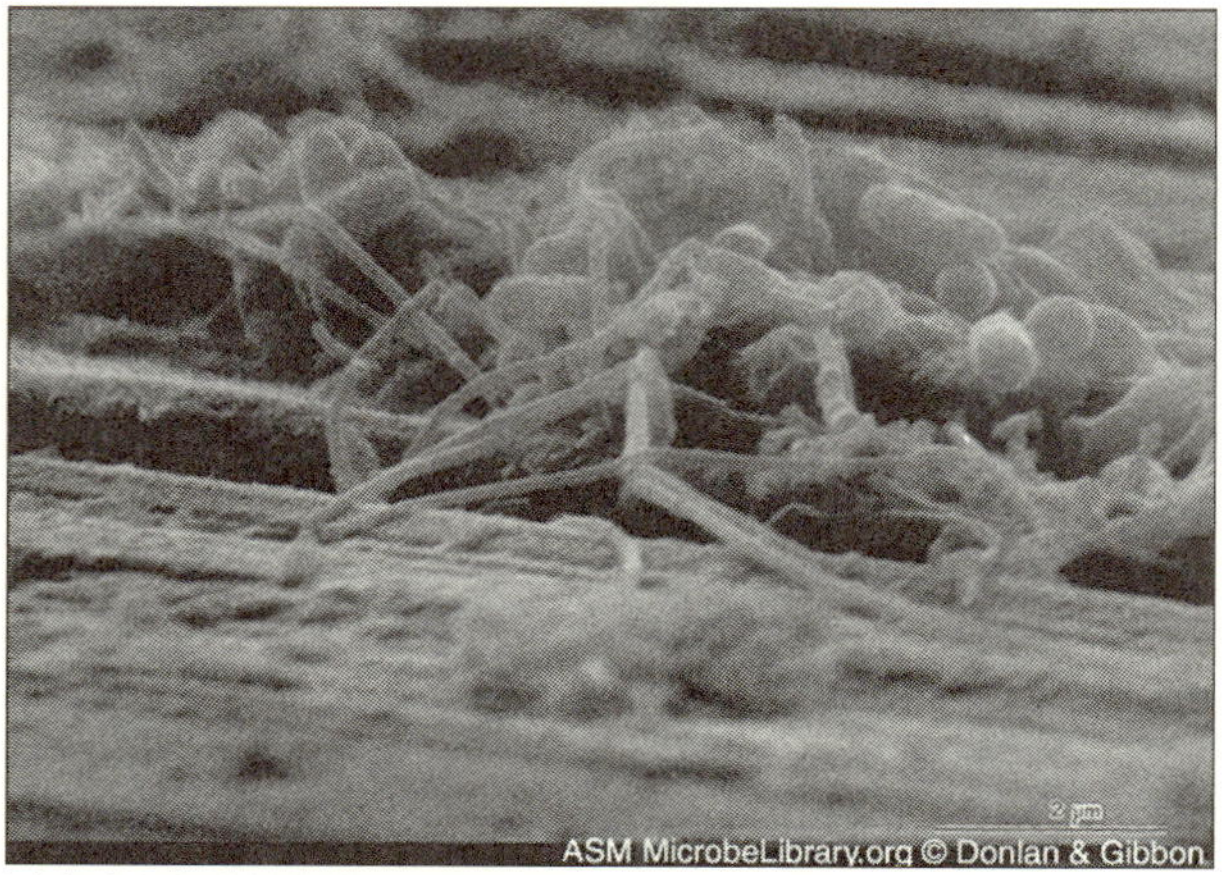

(b) 細胞と細胞外物質が蓄積する。

図7・1　群集の形成。これらの一連の写真は、冷却装置の復水器の金属面に細菌が付着する様子を示している。このプロセスはファウリングと呼ばれる。(アメリカ微生物学会の許可を得て転載。MicrobeLibrary (http://www.microbelibrary.org))

(c) フィラメントが伸びて、さらに多くの細胞をとらえる。

(d) 細菌、淡水珪藻（藻類の一種）、腐食生成物、粘土の粒子が、からみあったフィラメントに組みこまれる。

廃水処理に使われる嫌気性細菌は、植物繊維や紙のような分解しにくい物質でも分解できるが、ルーメン細菌と同じようにメタンガスを放出する。廃水処理プラントでは長年にわたって、汚泥消化タンクから出てくるメタンをそのまま燃やしていた。今ではほとんどがガスを蓄え、燃やすことによってエネルギーに変えている。

メタンの発生は両刃の剣で、ただで手に入るエネルギー源であると同時に、温室効果ガスにもなる。大気中に入るメタンの量が多すぎれば、一酸化炭素や硫化水素のような廃棄物とみなされる。メタン酸化細菌と呼ばれているグループの細菌は、メタンから炭素とエネルギーの両方を得ているので、世界の過剰なメタンの一部を取りのぞく役割を果たしている。メチロバクテリウム属、メチロコッカス属、キサントバクター属は、メタン菌と同じ場所に住んでいることが多く、発生するメタンをその場ですぐ吸収している。たとえばよどんだ沼地では、底にたまった酸素のない堆積物に住むメタン菌から、小さいメタンの泡がプクプクと湧きあがっている。メタン酸化細菌が住むのはそのすぐ上の領域で、底から上がってくるメタンの一部をとらえている。キサントバクター属にはさらに、メタン菌が出している水素を酸素と結びつける働きもある。このふたつの気体の混合は、爆鳴気反応と呼ばれる激しい爆発（$O_2 + 2H_2 \rightarrow H_2O$）を起こすことで知られている。しかし水素酸化細菌はこの反応をうまくコントロールするシステムをもっているので、吹きとぶこともなく、うまく細胞のエネルギーに変えることができる。

メタン酸化細菌はその代謝に、メタンモノオキシゲナーゼという酵素を用いている。そしてこの酵素は、トリクロロエチレン（ＴＣＥ）という有毒な塩素系溶剤も分解する。ＴＣＥはこれまで、電気メッキ、金属の脱脂洗浄、半導体の製造、金属とゴムの製造、パルプと紙加工、ドライクリーニングと、幅広い分野で便利に利用されてきた。ところが人体のほぼすべての系統に害を与えることがわかり、土壌と地下水の汚染物質とみなされるようになった。汚染された帯水層と土からTCEを除去するために、メタン酸化細菌が腕をふるう日は近いかもしれない。微生物学者がメタン酸化細菌の働きを実験室で試してみるとするなら、キサントバクター属は避けるにちがいない。水素酸化細菌には水素と酸素の混合気体が必要になり、爆発の危険があるからだ。

チオバチルス・フェロオキシダンスも同じように重要な細菌だが、汚染に対してはもっと複雑なかかわり方をする。T・フェロオキシダンスは強い酸性の環境で増殖し、無機質の、鉄や硫黄を含む化合物からエネルギーを得ている。そのような条件がすべて揃うのが、鉱山や炭鉱の廃水だ。鉱山廃水は小川や河川の生態系に深刻な打撃を与えている。そしてT・フェロオキシダンスは、黄鉄鉱と反応して廃水の酸性度をさらに高め、環境への害を強める働きをしている。

鉱山の環境汚染の修復(レメディエーション)では、今のところ化学薬品を使って酸性の物質を吸収したり、中和したりしているが、硫酸塩還元菌はそれに代わる手段になる。デスルフォコッカス属、デスルフォビブリオ属、デスルフォバクター属のように、「デスルフォ」ではじまる名前をもつ硫酸塩還元菌は、T・フェロオキシダンスの酸を生成する反応を変えることができる。

T・フェロオキシダンスは、悪い環境の状態をさらに悪化させるのが好きなようだが、役に立つ性質ももっている。T・フェロオキシダンスは、鉱床から金属を分離したり、石炭の硫黄を還元したりできるのだ——これは低硫黄の「クリーンコール(環境にやさしい石炭)」を作るのに必要なステップになっている。従来の石炭の場合、燃やすと黄鉄鉱から温室効果ガスの二酸化硫黄が発生し、それが大気中で硫酸に変化して、酸性雨を引きおこす。

アメリカでは高純度の金属鉱石が掘りつくされ、金属工業にとっては低純度の鉱石を利用することが不可欠になってきた。しかしふつうの精錬工程で低純度の鉱石から金属を取りだすには、コストがかかりすぎる。T・フェロオキシダンスと同様のT・チオオキシダンス（*T. thiooxidans*）は、鉄と硫黄の化合物をたくさん含んだ鉱石から銅やウランなどの金属を回収する。たとえばこれらの種はどちらも、銅と鉄と硫黄の化合物の黄銅鉱から銅を取りだすことができる。細菌は酵素だけでこれをやってのけるから、ホワイト・バイオテクノロジーの好例だ。細菌を利用して金属を溶出するバイオリーチングは、銅とともに鉄の一部も回収し、どちらも金属工業によって新しい製品にリサイクルされる。

同様の仕組みが、金鉱石からウランを取りだすために使用されてきた。バイオリーチングは低純度の鉱石から求める金属の90パーセントを回収できるうえ、精錬で必要な高いエネルギーコストも節約している。

火星の細菌

T・フェロオキシダンスなどの細菌は腐食性の化学物質に囲まれても増殖でき、地下細菌は岩を食べることができることから、細菌はほかの惑星にもいるのではないかという考えは根強い。そんななかで、火星の生きものに対する人々の期待は、学問的な研究対象にとどまるものではない。火星の細菌がもつ酵素は、地球の温室効果ガスから金属やエネルギーを回収するというような、並外れた能力をもっているかもしれないのだ。火星の大気の95パーセント以上は二酸化炭素で、窒素はおよそ3パーセント、酸素、アルゴン、一酸化炭素はそれより少ない。地球の細菌は、アルゴンを除いて、そのすべての気体を利用している。さらに地球の独立栄養生物は、シリコン、鉄、マグネシウム、カルシウム、硫黄、アルミニウム、カリウム、ナトリウム、塩素と、火星にある元素ととてもよく似たエネルギー源を使って生きている。

微生物学では最近、地球の最古の細菌は岩を分解し、身を守る住み家となる小さい洞穴を掘ったのではないかという理論が提唱されるようになった。そうした洞穴ができた年代として推測されている27億5000万年前の地球の大気には、高分子を紫外線による分解から保護してくれるオゾン層が、まだなかった。洞穴は紫外線をさえぎって、細菌のDNAが壊れないように守ってくれたうえ、水が凝縮する場所にもなっただろう。太古の嫌気性生物は、付着した岩にあるミネラルを利用し、堆積物から湧きあがってくるメタンを吸っていたのかもしれない。極限環境細菌についてわかっていることを考えれば、このシナリオもあり得ないわけではない。

オーストラリアにあるカーティン大学のビルガー・ラスムッセンは、地球に洞穴を掘る細菌がいたなら、火星にも同じような細菌がいる可能性があるのではないかという、世界的な議論を巻きおこした。洞穴の天井についていた古代の微生物の堆積物の化学的性質を分析したラスムッセンは、最古の細菌は硫黄とメタンを利用し、おそらく水が手に入り、バイオフィルムの群集で暮らしていたのではないかと推測している。

多くの科学者たちは、地球上の細菌とほかの惑星の細菌が大きくかけ離れているとは考えていない。地球外生命も地球上と同じ生化学の原理に従っているものと仮定すれば、地球で洞穴に住んだ細菌が生きのびてきたのと同じ理由で、火星の細菌も地下で暮らしているのではないだろうか。

はるか遠くの太陽系にある別の惑星や火星に、生命が存在するかもしれないという理論は数多い。宇宙生物学で惑星間の問題について研究対象となっている3つの主要テーマは、水、メタン、ミネラルだ。

1996年にはNASAが、1万3000年前に南極付近に衝突した隕石に細菌の痕跡があると発表したことから、「火星の細菌」説は一気に過熱した。その隕石は1984年に発見され、アラン・ヒルズ84001(ALH84001)と名づけられていた。1990年代はじめにはNASAの科学者たちが、火星から飛びだして1000万年以上かけて惑星間の宇宙を旅してきた隕石だと判定している。そうしているあいだに宇宙生物学者の注目は、この石に埋めこまれていた極小の、微生物の化石によく似た鎖状の構造に集中した。その構造の成分を分析してみると、地質学的なものではなく、生物学的なものに近いようだった。その前に火星の表面で大昔の川と海の跡が発見されていたこともあって、科学はこの赤い惑星に水と生命があるという状況証拠を手にしたように思われた。

火星の大気を分析すると、メタンがあることもわかった。地球上のメタンのおよそ95パーセントが生物由来であることを考え、一部の宇宙生物学者は火星にメタンが存在することが、火星の生命を支持するもうひとつの証拠であるとみなしている。地球の大気の体積に占めるメタンの割合は10億分の

１７５０だが、火星の場合はわずか10億分の10でしかない。なぜふたつの惑星でこのような違いがあるのか、火星のメタンが生物由来のものなのか、まだだれにもわかっていない。

別の研究チームはこの隕石のミネラル含有量を調べ、地球のアクアスピリルム・マグネトタクティクムがもつマグネトソームによく似た、磁鉄鉱の結晶を見つけた。20年以上も走磁性細菌の研究をつづけているネバダ大学ラスベガス校のデニス・バジリンスキーは、この隕石のデータを吟味し、隕石に含有されている磁性をもった結晶は、地球の磁性細菌が作る結晶と同じものだとみなしている。ここでもまた科学者は状況証拠を手にしたわけだが、地球の磁性細菌と地球外の結晶を比較する作業は簡単ではないだろう。そのうえ世界中の実験室を見わたしてみても、磁性細菌はほとんど培養されていない。自然界に新種がいることはわかっているが、その生息場所はなかなか到達できない海底の堆積物のなかだ。

火星に生命があることを否定的に見る人たちは、メタンと無機物の構造は地球の条件と似ているかもしれないが、それは生物学とは関係のない言葉で説明することもできると指摘していて、たしかにそのとおりだと言える。微生物学者は隕石の「鎖状の構造」にも疑問を抱く。それは地球上で最も小さい細菌より小さくて、生命に必要な分子のすべてが入りそうもないからだ。もちろんその科学者たちの念頭にあるのは地球上の生命のことで、宇宙の大きさを考えれば、ちょっと自己中心的すぎるかもしれない。それでも２０００年までにはほとんどの宇宙生物学者が、この構造はおそらく有機物の残骸が化石化したもので、微生物のものではないと結論を下すに至った。

地球上のナノバクテリアについて決定的な研究があれば、火星の生命にまつわる議論も息を吹きかえすかもしれない。フィンランドの研究者オラビ・カヤンデルが１９８８年にナノバクテリアを発見したが、微生物学者の大半はその存在を否定してきた。（本書で取りあげてきたさまざまな新発見が認められるまでにどれだけの年月を要したかを考えてほしい。）ナノバクテリアに関する10年以上の研究によって、これらの微生物は動脈と腎臓の石灰化を引きおこす病原性の役割を果たしているかもしれないとみなされるようになった。

２００５年までには、カルシウムで覆われた外殻をもち、運動性のある、グラム陰性のナノバクテリア——正式名称はナノバクテリウム・サンギネウム（*Nanobacterium sanguineum*）——についての文献が整ってきた。この細菌は直径が20～２００ナノメートルしかないが、16Ｓ ｒＲＮＡを入れておくには十分な大きさだ。Ｎ・サンギネウムの研究は、微生物学の黄金時代によく似た経路をたどっていて、環境に関する問題よりもまず医学的な重要性が優先されている。だが、ナノバイオロジーが惑星間生物学の成長分野となって研究される日は近い。

この惑星を作りあげているもの

地球の生物圏は、無数の生態系の集まりだ。それぞれの生態系が相互にかかわりあって、より大きい生態系群を形成している。こうして地球には、草原地帯、熱帯雨林、極地などの生態系群ができてきた。海洋生物と沿岸生物が出会う場所のようなエッジと呼ばれる生態系の境界部では、それぞれのメンバーが影響しあうが、地球の多くの共同体は距離によって隔てられている。群れの移動や鳥の渡りがいくつかの共同体どうしを結びつけるとはいえ、全部が一度に混じりあうわけではない。だから地球上のすべての共同体を結びつけているのは、土、海、大気を通して栄養素を常に再循環させている、細菌だけということになる。

まわりじゅうにあって生命の息吹をもたらしている細菌を見つけるのに、微生物学の学位はいらない。郊外に出かけたときには、石にへばりついている地衣類、足の下で腐りかけている枯葉、湖の波間にただよう一瞬の色合いに目を向けてほしい。都会に住んでいても、細菌はいたるところで見つかる。バイオフィルムが雨水管を覆い、金属を代謝する細菌が橋やビルディングを風化させている。空中をただよう煤煙が、こっちの街角からあっちの街角へと細菌を運んでいる。細菌のない場所を見つけるより、見えない宇宙を見つけだすほうが、ずっと簡単なのだ。

あなたには自分のまわりがもう前と同じようには見えていないかもしれないが、そのことを喜ぼう。細菌を正しく理解すれば、今まで思っていたより大きい共同体が地球上にあることがよくわかる。私は1970年代に過ごした大学生時代に、微生物学は難しい学問だと実感した。細胞生物学の基礎はもちろん、化学反応と生化学反応もその範囲に含み、地球科学の領域にまで触れ、遺伝学とも深いつながりをもっている。目に見えない生きものを学びたい科学者だけが、微生物学者になれる。それなのに、細菌がこの惑星を動かしていることが見えなければ、微生物の世界をより深く掘りさげることはできない。人間はゴミを捨てるときや、感染せずにすんだとき（皮膚に住みついている善玉菌を思いだしてほしい）、それどころか単に息をするだけでも、細菌の活動の恩恵をこうむっている。

細菌を病気と同義語だと思ってはいけない。また、牛乳からチーズを作るのがその仕事だという見方も、細菌を軽視しすぎだろう。細菌があるからこそ、私たちの暮らしはより豊かで、健康で、希望に満ちたものになる。希望をもてるのは、人類がどんな窮地に追いこまれようとも、細菌がなんとか問題を解決してくれる可能性がとても高いからだ。

バイ菌について思いわずらうのをやめ、細菌に感謝の気持ちをもとう。ただきちんと手を洗い、食品を正しく調理し、明らかに病気にかかっている人に近づかないようにするだけで、ほとんどの病原菌を食いとめることができる。環境にいっぱいの善玉菌については、人間の助けなどなくても十分に元気に増殖するから、特に手をかけて育てる必要はない。細菌は増殖しながら、私たちに必要な栄養素を与えてくれる。細菌がこの惑星を、そして私たち人間を、作りあげている。

安全のためを考えれば、細菌はいつも変わらぬ味方ではあるけれど、ときには敵になることもあると考えておくのが、健康の維持に役立つだろう。それでももっと長い目で見れば、細菌は私たちの最良の友だ。細菌はもう何万年も前に、人類をその家に招きいれてくれただけでなく、最後までいっしょにいてくれるだろう。細菌は舞台裏でせっせと働きながら、私たちを守り、私たちに食べるものを与え、私たちが出したゴミを分解している。細菌より心強い味方など、私には思いつかない。

おわりに──細菌を育てる方法

目に見えないものを相手にする仕事をしていると、人間は忍耐強くなる。細菌が十分な数に増えるまで、微生物学者は何時間も、翌日まで、あるいは何日間も待たなければならない。マイコバクテリウム属などは、研究できる数まで増えるのに3週間はかかる。そして何より無菌操作を身につけていない人は、微生物学者を名乗る資格はない。実際のところ、まったく同じようにふるまう細菌株はふたつとなく、ほかの微生物が混入する「コンタミネーション」の経路は無数と言えるほどあるから、操作（テクニック）というより、「手際（アート）」と呼ぶべきものかもしれない。ここで説明していく標準的な手順は、微生物学を新たに学ぶ学生が、細菌を増やすときによくやる失敗を避けるのに役立つだろう。

微生物学の試料には、患者の検体（血液、痰、便など）、食品、日用品、土、飲料水、未処理の地表水、廃水などがある。ふつう、液体なら100ミリリットル、固体なら10グラムの試料を実験室にもちこんで、「処理」をする。処理とは、試料に細菌があるのか、あるならどんな種類が、どれだけあるかを判別するのに必要な一連の手順のことだ。

微生物学は、この分野ではごくふつうの巨大な数を扱いやすくするために、ふたつの方法を採用している。ひとつは「段階希釈法」と呼ばれるテクニックで、数百万個、数十億個の細胞が含まれているかもしれない試料を薄めて使用する。そしてもうひとつは対数で、巨大な数字をわかりやすいものに変換する。

段階希釈法

1ミリリットルまたは1グラムあたり100万個を超える細菌が含まれている試料は、細胞が密集しすぎていて、ひとつの種を研究して意味のある結果を引きだすには向いていない。微生物学ではこんなに桁数の多い数字をいじくりまわそうとはせず、まず試料を段階的に薄め、細胞の密度を1ミリリットルあたり30個から300個までに減らすという方法をとる。

段階希釈法には、それぞれに9ミリリットルずつ滅菌した緩衝液（pHを一定に保つために少量の塩基を加えた水）を入れた、何本もの試験管を使用する。まず試料を1ミリリットルとり、9ミリリットルの液が入った試験管の1本に加えれば、試料1に対して希釈液10の割合になるので、10倍の希釈液ができる。この段階が終わった時点では、1ミリリットルあたり300万個の細胞が入っていた試料の場合、1ミリリットルあたり30万個に減っている。次に、新しい希釈液からまた1ミリリットルとって別の試験管の９ミリリットル緩衝液に加えると、細胞の数は１ミリリットルあたり３万個に減る。こうして新しい希釈液を次々に薄める作業を、もとの試料よりはるかに密度が下がるまでつづけるわけだが、このプロセスは推定にもとづいているところがポイントだ。患者の検体や食品、環境物質を受けとった時点では、その試料に何百万個もの細菌が入っているのか、それともほんの２、３個なのか、まったく見当がついていないのだ。段階希釈は、試料内の細胞の実際の密度を判断するために、可能な密度の範囲全体をカバーする役割を果たしている。

段階希釈をすると、微生物学者の目の前にはいくつもの試験管が並び、それぞれには一段階前の試験管の10分の１の細胞が含まれている。次は、それぞれの試験管から少量の試料（これをアリコートと呼ぶ）をとって、寒天平板（プレート）培地に植えつける作業だ。各希釈液から０・１ミリリットルのアリコートをとり、それぞれ別々の無菌寒天平板の上に置く。たとえば、10倍の希釈液から０・１ミリリットルとってひとつの寒天平板の中心にのせ（ふつうはひとつの希釈液につき、ふたつか３つの寒天平板を用意することが多い）、次の１００倍の希釈液を０・１ミリリットルとって別の寒天平板の中心にのせ、また次の１０００倍の希釈液と、すべての試験管で同様にする。作業が完了すれば、それぞれに10倍、１００倍、１０００倍、１万倍、10万倍の希釈液からとったアリコートがのった寒天平板がひとそろいできあがる。

次に、それぞれのアリコートを寒天の表面によく広げ、そこに入っているかもしれない細菌を全体に分散させる——細菌は目に見えないことを忘れないように。こうして広げる作業には、ガラスかプラスチックの滅菌した棒を使う。長さは約15センチで、片方の先が２、３センチほど曲がったものだ。

ホッケーのスティックのかたちを思いうかべるといい。この棒は実際、微生物学者から「ホッケー・スティック」と呼ばれている。アリコートを寒天平板の表面全体に薄い透明フィルムのように広げると、その寒天平板は塗沫平板（スプレッドプレート）と呼ばれ、平板表面塗沫法と呼ばれるこの方法の準備は完了する。寒天平板には蓋が組になって用意されているので、準備の終わった寒天平板に蓋をする。

用意できたすべての寒天平板を、適切な温度に設定した培養器に入れる。寒天平板を培養器のなかに積み重ねるのは、スペース節約のためには言うまでもないことのように思えるが、ドイツの細菌学者R・J・ペトリが１８８７年に考えだしたこの画期的な発明が、微生物学を変えたのだった。積み重ねることができてコンパクトなペトリ皿（シャーレ）によって、それまでの実験にくらべて広範囲にわたる各種の微生物を、何度も繰りかえし調べることができるようになった。

温暖な環境から採取した細菌のほとんどは、体温と同じくらいの温度で増殖するので、細菌の培養に使用する培養器はおよそ37℃に設定しておく。食品媒介の汚染菌の多くや、ほとんどすべての病原菌と常在細菌叢は、この温度を好む。土壌微生物と水中微生物、一部の食品媒介好冷菌は、もっと低い温度のほうがよく増殖する。

培養には、細菌によって、ひと晩、1日か2日、数日から数週間かかる。寒天平板の培養が終われば、そこには目に見えるコロニーができているだろう。コロニーはふつう、直径が3ミリメートル以内の大きさで、それぞれに数百万個の細菌を含んでいる。

細菌の数を数える

寒天培地の上にできた細菌のコロニーでは、ひとつのコロニーに入っている細胞はすべて同じで、1個の原細胞から増殖したものだ。寒天平板に菌を植えつけるとき、細菌が1個ずつ培地全体にまきちらされる。それらの細菌の細胞が、培養によって（種によって時間は異なるが、たとえば）30分に1回ずつそれまでの2倍に増え、やがてコロニーと呼ばれる目に見えるかたまりを形成する。こうしてできたコロニーの数は、ＣＦＵ（Colony Forming Unit　コロニー形成単位）という単位であらわされ、ルーペを使って手作業で数えるか、寒天平板をレーザー光線でスキャンして電子的に数える。

試料を寒天平板の上に広げる前に段階希釈しておかなければ、数千個、数百万個にのぼる細胞が入っている試料からできるコロニーはほとんどつながりあって、境目がわからないひとつの面になってしまう。段階希釈の結果、ひとつの寒天平板にできるＣＦＵが30から３００の範囲にとどまり、ほとんどのコロニーのあいだに空間ができて、数えやすくなる。ＣＦＵが30より少なくなってしまうと一貫性のある正確な結果が得られず、３００以上になると混みすぎて数えられないので、30から３００までが最適だ。コロニーの密度が高いと、細菌が栄養分を使いつくし、抗生物質を分泌することによって隣接するコロニーの増殖をはばみはじめる。

もとの液体の試料に含まれていた細菌の数を判断するには、30から３００のコロニーができた寒天平板を選び、同じ希釈液を使った平板をふたつ使用する。この例では、1万倍の希釈液を０・１ミリリットル塗沫した平板に30から３００の個のコロニーができたものとしよう。ふたつの培地にできた

ＣＦＵを数えたところ、一方には98、もう一方には１３８のコロニーができていた。その平均は１１８になる。ここで、もとの試料に含まれていた細菌の数を判断するためには、希釈の程度を計算に入れなければならない。

まず、１１８に希釈の程度を掛けあわせる。この場合は1万倍の希釈液だったので、１万を掛ける。

$118 \times 10{,}000 = 1{,}180{,}000$ または 1.18×10^6

アリコートはわずか0・1ミリリットルだったので、１ミリリットルを10倍に薄めたのと同じことになる。この分を修正するために、右の結果に10を掛ける。

$10 \times 1{,}180{,}000 = 11{,}800{,}000$ または 1.18×10^7

これで、もとの試料には1ミリリットルあたりおよそ１２００万個の細菌が含まれていたと判断できる。微生物学では、このように大きい数はごく当たり前だ。土壌、海水、地表の淡水、動物の消化管には、同じように膨大な数の細菌が住んでいる。

対数

何百万、何十億という数は、大きすぎて計算しにくい。しかも1.18×10^6のように大きい数が2倍になって2.36×10^6になっても、たとえ3倍になっても、微生物学ではあまり意味がない。自然にはばらつきがあるから、まったく同じ方法で準備した複数の培地でも、細菌の密度は異なってあらわれる。そこで微生物学者は対数を使用して非常に大きい数字を計算しやすくすると同時に、大きい数字の重要な違いを見分けやすくしている。

対数（ｌｏｇ）の定義を理解するのは難しいかもしれないが、例を使うとすぐにわかる。たとえば、1.0×10^5を対数であらわすと5.00、1.0×10^6を対数であらわすと6.00だ。自然数であれば対数に変換できる。たとえば5.0×10^5の対数は5.699だ。これらはすべて10の倍数の対数なので、10を底とする対数（常用対数）と呼ばれている。$\log_{10}$に自然数と小数で示される常用対数は、常用対数表で調べることも、計算尺で求めることも、計算機で計算することもできる。計算機を使うことにしよう！

大きい数を常用対数にしてみると、微生物学では細菌の膨大な数が2倍や3倍、たとえ4倍になっても、たいして意味がないことが明らかになる。1.18×10^7の対数は7.07だ。これを2倍にした2.36×10^7を対数にすると、7.37になる。7.07の2倍の14.14ではない。3倍にした3.54×10^7の対数は7.55、4倍にした値の対数は7.67。こうして細菌の数を何倍かしてみても、大まかな量は変わらないことがわかる。細菌の数が少なくとも１００倍になると、微生物学ではこれを自然の正常なばらつきを超えた本物の変化ととらえる。

嫌気性微生物学

嫌気性細菌を希釈して数える方法は、好気性細菌の場合と同じ手順をたどるが、異なるのは空気を遮断する密閉容器が必要になる点だ。嫌気性微生物学には、好気性細菌を扱う際には無視できる点についいて注意することが求められる。つまり、無菌操作を忠実に実行するほかに、細菌から空気を遠ざけなければならない。

嫌気性細菌は、寒天平板に植えつけてから密閉容器のなかに置き、密閉後に内部から酸素をすべて除去する化学薬品を入れておかなければ増殖しない。あるいは別の方法として、嫌気性チャンバーを利用することもできる。嫌気性チャンバーは、密閉されたプラスチックのドーム型や箱型をした大きい装置で、酸素のない不活性ガスで満たされている。チャンバーの片面のプラスチックには、嫌気性を保ったまま腕を内部に入れることができる穴があいているので、チャンバーの外にすわって両腕を穴から差しこんだ状態で、チャンバー内に置いた嫌気性細菌を希釈することも、そのほかの作業を行なうこともできる。嫌気性チャンバーによっては、小型の培養器を備え、実験中に寒天平板を一度も嫌気性環境から出さなくてすむものもある。

私が嫌気性微生物学を学んだときには、１９５０年代から60年代にかけて偏性嫌気性菌の培養テクニックを大きく向上させたロバート・ハンゲートの名がついた、第三の方法を利用した。ハンゲート法は、ほとんどウシ、ヒツジ、ヤギの消化管から取りだした嫌気性細菌を研究するためだけに開発されたものだった。それらの細菌には、通常より厳しく酸素を遮断した環境を保つ必要があって、発育条件の厳しい嫌気性細菌と呼ばれることも多い。ハンゲート法(ハンゲートのロールチューブ法)では、空気を遮断するのに向かないペトリ皿の代わりに、試験管で細菌を培養する。

ハンゲートチューブを準備するには、試験管に滅菌した液状の寒天を注ぎ、寒天がまだ固まらないうちに菌を植えつける。その作業のあいだにも、試験管に不活性ガスをゆるやかに送りこんで、口が開いたままの試験管から空気を排除する。植菌の作業を手早くすませたら、試験管にゴム栓をして密閉する直前に、ガスを送りこんでいたホースを引きぬく。発育条件の厳しい嫌気性細菌では、植菌のあいだに試験管にほんのわずかでも空気が入りこまないよう、特殊なゴム栓が必要だ。嫌気性微生物学の熟練者は、目にもとまらぬ早業で、ホースを引きぬくと同時にゴム栓をすることができる。それからすぐ、菌を植えつけた試験管を平らな場所に寝かせ、寒天が試験管の内側を均一に覆うように固まるまでコロコロ転がす。これを培養してコロニーができるのを待ち、CFUを数える。

無菌操作

微生物学の作業で、無菌操作のいらないものはない。無菌操作とは、純粋な培養物や滅菌したものに雑菌が入りこむのを防ぐために行なう、あらゆる作業のことを言う。無菌とは、微生物がまったくいないという意味だ。

培地、ガラス器具、そのほか生きた培養菌に触れるものはすべて、高圧蒸気滅菌器(オートクレーブ)で滅菌しておく必要がある。この滅菌器は高圧蒸気で液体と固体を処理し、あらゆる微生物を殺す。滅菌して密封したものは、いつまでもそのまま保管しておくことができる。

滅菌した実験器具を用意するほか、培養物を扱う前には、扱う器具をブンゼンバーナーの炎で焼いて滅菌する。炎で焼く方法は、金属製やガラス製のもの、たとえば細菌接種用ループ（白金耳）、ピンセット、試験管の口などに適している。

これらの作業を行なうあいだずっと、どこに細菌があるかを想像し、最もコンタミネーションが起こりやすい場所を予想しなければならない。目に見えない不要な微生物によるコンタミネーションの確率を減らすために、無菌操作では実験台を使用する前後に台の上を殺菌する。さらに、蓋のあいた培養器に向かってせきやくしゃみをしたり、息を吹きかけたりしてはいけない。

手術室は無菌操作の好例になる。すべての行動が、患者の細菌汚染を防ぐ方法で進められるからだ。無菌操作には、高度なテクノロジーは必要ないが、近道もない。将来、微生物学がどれだけ科学的な発展をとげようとも、無菌操作は現在とほとんど変わることはないだろう。

謝辞

私はバーク・A・ディホリティの研究室でウシ、ヒツジ、ウマに住む嫌気性細菌を研究し、1978年に微生物学者になった。それ以来、嫌気性微生物学、環境微生物学、水中微生物学の分野で最も尊敬すべき研究者たちに出会い、ともに仕事をしてきた。彼らが長い時間をかけて覚えきれないほどの成果をあげてきた研究は、私がこれまでに微生物学について学んだ内容をはるかに超えることはまちがいないが、細菌には広大な未知の世界が残されている事実をだれもが認めないわけにはいかない。オハイオ州立大学とケンタッキー大学で私が教えを受けた微生物学教授の先生方すべてに、心から感謝している。

本書の執筆にあたり、各章の内容についてアドバイスしてくれたボニー・ディクラーク、ダナ・ジョンソン、プリシラ・ロイヤル、シェルドン・シーゲル、メグ・ステファーター、ジャネット・ウォレスに感謝する。私が最も励ましを必要としているとき、いつも励ましてくれたデニス・クンケルとリチャード・ダニエルソンにもお礼を言いたい。アマンダ・モランとカーク・ジェンセンにはその貴重な助言に、ジョディー・ローデスには辛抱強い激励と支援に、ありがとうの言葉を贈る。

著者について

アン・マクズラックはニュージャージー州ウォッチャング出身で、作家か生物学者になろうと思いながら成長した。その後、オハイオ州立大学で動物栄養学の学士および修士課程を終え、ケンタッキー大学で栄養学と微生物学の博士号を得ると、ニューヨーク州保健局でポスドク研究を行なった。さらにサンフランシスコのゴールデンゲート大学でＭＢＡを取得した。

アンは、人間と動物の消化管に住む細菌および原生動物の研究で、微生物学者としての第一歩を踏みだした。酸素にさらされると死滅してしまう嫌気性細菌を培養するハンゲート法の訓練も受けている。この訓練を受けた微生物学者の数は比較的少ない。アンはまた民間企業でも活躍し、フォーチュン５００に名を連ねる企業の微生物学研究所で、フケ予防シャンプー、脱臭剤、浄水器、排水管洗浄剤、浄化槽洗浄剤、殺菌剤の開発にたずさわった。いずれも微生物の世界に関係のある製品だ。カリフォルニア大学サンフランシスコ校の皮膚科学研究グループにも参加し、外傷治療薬、抗菌性石鹸、水虫治療法の試験を行なった。

大学院時代、選択科目に文学の講義ばかり入れるアンを、仲間の学生たちや何人かの教授はあきれ顔で見ていた。アンのほうはと言えば、理系には芸術を追求するなどばかばかしいと考えている同級生があまりにも多いことを知り、驚いていた。10年以上も細菌を扱う仕事をつづけたあと、1992年には荷物をまとめて東海岸からカリフォルニアに移り住み、微生物学で生計を立てながら作家を目指すという新たな人生を歩みだした。もちろん、作家と科学者の二足のわらじを履くことは可能だった。

それからは、夜になると微生物学の研究室を舞台にした推理小説の執筆に励むかたわら、善玉菌を活用したり悪玉菌をやっつけたりするさまざまな研究プロジェクトで働きつづけた。10年後にはコンサルタントとして独立し、作家と生物学者の仕事をうまく両立させている。推理小説はいまだ陽の目を見ていないが、これまでに出版した微生物および環境科学に関する著作は10冊にのぼる。重点を置いているのは、とても専門的なテーマをわかりやすく書くことで、アンのユニークな視点に導かれ、読者は微生物をもっとよく知りたいと思い、おそらく好きにさえなるだろう。

訳者あとがき

ごく身近なのによく知らないものは、実はたくさんありそうだが、なかでも細菌はその代表格だろう。本書によれば、生まれたての赤ちゃんは無菌でも、数分後には皮膚に細菌がつきはじめ、さらに口から消化管のなかへと入っていく。そして私たちおとなの腸内で消化を助けてくれている細菌の数は、ひとりに100兆個とも1000兆個とも言われている。もちろん腸内だけでなく、皮膚でも常在細菌が病原菌の侵入を防いでくれている。こうして、自分自身のからだという最も「身近」なところについて考えてみただけでも、人は細菌と無縁ではいられない。

そのうえ、チーズやバターを作ったり、下水を浄化して川に流せるようにしたりと、暮らしのさまざまな面で細菌の力を借りている。もっと視野を広げると、炭素や窒素をはじめとした地球上で数限りのある元素を循環させ、私たちが生きられる環境を生みだしているのも細菌だ。そもそも太古の昔、この地球上に大量の酸素を生みだしたのがシアノバクテリア（藍藻）という細菌だったとされているのだから、一番根本のところでその存在に頼っていることになる。

一方で、数々の病気を引きおこしたり、食べものを腐らせたりと、細菌は人間にとって都合の悪いこともする。どちらかと言えばこの負の側面のほうが印象に残り、本書の「はじめに」にあるように、「実際にはすべての細菌のなかで病原菌が占める割合は小さいのに、15秒以内に細菌の名前を10個あげろと言われれば、たいていの人は病原菌の名前ばかりを並べたてるだろう。」たしかに、O157のような病原性大腸菌から、結核菌に破傷風菌、赤痢菌にサルモネラ菌、小さな子どもをもつ母親がよく耳にする溶連菌と、病原菌の名前ならスラスラと口をついて出る。それに対して「善玉菌」としてよく知られているのは、ヨーグルトの容器に大きな字で書いてあるビフィズス菌くらいだろうか。

長年にわたって微生物の研究をつづけてきた著者は、このような考え方の偏りをなくして、「細菌のイメージをよくしようという思いから」この本を書いたという。よく知れば、「生命の営みに欠かせないこれらの微生物の貢献ぶりに感謝できるようになるだろう」と語る。上空数万メートルから深さ1万メートルの深海まで、さらに地中深くまでと、この惑星の文字どおりあらゆる場所で、一時も休むことなくコツコツと物質を分解しつづけている細菌のことをしっかり理解すると、たしかにこの力強い「味方」に感謝の気もちが湧いてきて、世界の見え方が変わってくるにちがいない。

正確な知識は、細菌を「敵」にしないためにも役立つ。読者は思いがけない細菌の活躍ぶりを知って認識を新たにするだけでなく、気が遠くなるほど長きにわたる人間と細菌との壮絶な戦いに思いをはせて、気を引きしめることになる。中世のヨーロッパで猛威をふるったペストや梅毒、アメリカの「チフスのメアリー」や「在郷軍人病」は、いまだに背筋が寒くなるような話だ。そして、まだ性能の悪い顕微鏡だけを武器に、地道な研究で病気と病原菌の関係を見つけだした初期の微生物学者たちには、あらためて敬意をおぼえる。この戦いには、ペニシリンや抗生物質の発見によって人間が勝ったように見えたが、それもつかの間で、今では抗生物質耐性菌、さらに複数の抗生物質がどれも効かない多剤耐性菌が出現し、その数もどんどん増えている。新しい抗生物質の開発も手詰まりで、「勝ち負け」だけにこだわるなら、未来はけっして明るくない。その成り行きは第3章にくわしいが、この点でもやはり私たちは細菌と抗生物質のことを正しく理解し、むやみに恐れて方向を見誤ることなく、ひとりひとりが細菌を味方につけて賢く対応できるようになりたいものだと思う。

そのほか、最新のバイオテクノロジーの話題もあり、遺伝子組み換え技術によって大腸菌からさまざまな医薬品が作られているなど、身近でも知らなかった事実はまだまだ山ほど登場する。読者それぞれで興味の対象は異なるだろうが、訳者としては早くも第1章に登場する「バイオフィルム」の話で、目に見えない細菌が少し見えるようになった気がした。毎日使う台所や浴室、洗面所の隅で、ごく小さい細菌たちが互いに信号を送りながら集結して強い力をもってしまわないうちにと、わずかな兆候に目をこらせるようになったのは大きな収穫だ。

著者については巻末の「著者について」にくわしいが、「とても専門的なテーマをわかりやすく書くこと」に重点を置いて執筆しているとのことで、訳者もそれにならい、できるだけわかりやすい日本語にすることを心がけたつもりだ。読者のみなさんには、読みものとして楽しみながら、新しい世界観が開けたと感じていただけるなら嬉しい。なお、原書にあった数値などの記載ミスを訳書で修正したため、原書と訳書ではわずかに異なる部分が生じていることをお断りしておきたい。

最後になったが、編集を担当してくださった白揚社の浮野明子さんには、ほんとうにきめ細かい読みなおしと調べもので助けていただき、心から感謝している。同じく白揚社の鷹尾和彦さんと上原弘二さんにもお力添えをいただいた。また堀信一さんには、理系の立場からアドバイスをしてほしい、疑問点の解消を手伝ってほしいと無理なお願いをし、訳文の吟味から、貴重な参考文献の入手や専門分野の友人への問い合わせまで、多方面で力を貸していただいた。地球上でウシやヒツジが飼われている草地の広さを全部あわせると、どれくらいになるか？　地球上で一番数が多い生きものはほんとうにプロクロロコッカス・マリヌスなのか？　その数はいったいどのくらいか？（概算によれば2×10の27乗個以上——天文学的数字は、微生物学的数字と言いかえられそうだ。）確認しておきたい事実や数字の検証をあれこれ相談したので、情報の乏しいデータについての話し合いによって、普段は孤独な翻訳という作業がいつになく楽しいものになった。お世話になったみなさんに、この場をお借りして、心からお礼を申し上げたい。

２０１２年７月

西田　美緒子

articles/PMC535181
Highlights in Chemical Technology. "Sun Shines on a Solution for Hydrogen Production." December 8, 2008. http://www.rsc.org/Publishing/ChemTech/Volume/2009/02/sun_shines_hydrogen.asp
Kiene, Ronald P. "Dimethyl Sulfide Production from Dimethylsulfoniopropionate in Coastal Seawater Samples and Bacterial Cultures." *Applied And Environmental Microbiology* 56 (1990): 3292-97. 〔次で閲覧可能。http://aem.asm.org/content/56/11/3292.full.pdf+html〕
Ocampo, R., H. J. Callot, and P. Albrecht. "Evidence of Porphyrins of Bacterial and Algal Origin in Oil Shale." Chap. 3 in *Metal Complexes in Fossil Fuels*. American Chemical Society, 1987. http://pubs.acs.org/doi/abs/10.1021/bk-1987-0344.ch003
PhysOrg.com. "Food from Fuel Waste: Bacteria Provide Power." http://phys.org/news135482832.html
Rasmussen, Birger, Tim S. Blake, Ian R. Fletcher, and Matt R.Kilburn. "Evidence for Microbial Life in Synsedimentary Cavities from 2.75 Ga Terrestrial Environments." *Geology* 37 (2009): 423-26. 〔次で閲覧可能。http://geology.gsapubs.org/content/37/5/423.abstract〕
Rawal, B. D., and A. M. Pretorius. "*Nanobacterium sanguineum* — Is it a New Life-form in Search of Human Ailment or Commensal: Overview of Its Transmissibility and Chemical Means of Intervention." *Medical Hypotheses* 65 (2005): 1062-66. http://www.ncbi.nlm.nih.gov/pubmed/16122881
Savage, Neil. "Making Gasoline from Bacteria." *MIT Technology Review*, August 1, 2007. http://www.technologyreview.com/news/408334/making-gasoline-from-bacteria
ScienceDaily. "Fuel from Bacteria is One Step Closer." August 8, 2008. http://www.sciencedaily.com/releases/2008/08/080806113141.htm
SpaceRef Interactive. "NASA's Johnson Space Center to Study Nanobacteria." Press release, September 13, 2004. http://www.spaceref.com/news/viewpr.html?pid=15024
U. S. Environmental Protection Agency. http://www.epa.gov
Zimmer-Faust, Richard K., Mark P. de Souza, and Duane C, Yoch. "Bacterial Chemotaxis and Its Potential Role in Marine Dimethylsulfide Production and Biogeochemical Sulfur Cycling." *Limnology and Oceanography* 41 (1996): 1330-34. 〔次で閲覧可能。http://www.aslo.org/lo/toc/vol_41/issue_6/1330.pdf〕
ZoBell, Claude E. "Contributions of Bacteria to the Origin of Oil." Presented at World Petroleum Congress, The Hague, The Netherlands, May 28-June 6, 1951. http://www.onepetro.org/mslib/servlet/onepetropreview?id=WPC-4029&soc=WPC&speAppNameCookie=ONEPETRO

.full〕

Singh, Mamtesh, Sanjay K. S. Patel, and Vipin C. Kalia. "*Bacillus subtilis* as a Potential Producer for Polyhydroxyalkanoates." *Microbial Cell Factories* 8 (2009): 38-49. http://www.microbialcellfactories.com/content/pdf/1475-2859-8-38.pdf

Society for General Microbiology. "E. coli K-12: Joshua Lederberg." *Microbiology Today* 31, August 2004. http://www.sgm.ac.uk/pubs/micro_today/pdf/080402.pdf

Williams, David R. "Evidence of Ancient Martian Life in Meteorite ALH84001?" NASA, January 9, 2005. http://nssdc.gsfc.nasa.gov/planetary/marslife.html

第7章

印刷物

Deffeyes, Kenneth S. *Hubbert's Peak: The Impending World Oil Shortage*. Princeton, NJ: Princeton University Press, 2001.（ケネス・S・ディフェイス『石油が消える日』秋山淑子訳、パンローリング）

Hackstein, Johannes H. P., and Claudius K, Stumm. "Methane Production in Terrestrial Arthropods." *Proceedings of the National Academy of Sciences* 71 (1994): 5441-45.

Lynn, Denis H. *The Ciliated Protozoa: Characterization, Classification, and Guide to the Literature*. Springer Science, 2008.

Reisner, Erwin, Juan C. Fontecilla-Camps, and Fraser A. Armstrong. "Catalytic Electrochemistry of a [NiFeSe]-hydrogenase on TiO_2 and Demonstration of Its Suitability for Visible Light-driven H_2 Production." *Chemical Communications* 7 (2009): 550-52.

Schaechter, Moselio, John L. Ingraham, and Frederick C. Neidhardt. *Microbe*. American Society for Microbiology Press, 2006.

Shah, Sonia. *Crude: The Story of Oil*. New York: Seven Stories Press, 2004.（ソニア・シャー『「石油の呪縛」と人類』岡崎玲子訳、集英社新書）

インターネット

Charlson, Robert J., James E. Lovelock, Meinrat O. Andreae, and Stephen G. Warren. "Oceanic Phytoplankton, Atmospheric Sulphur, Cloud Albedo and Climate." *Nature* 326 (1987): 655-61. 〔次で閲覧可能。http://www.jameslovelock.org/page35.html〕

Green Car Congress. "Researchers Develop Bacterial Enzyme-Based Catalyst for Water-Gas Shift Reaction at Ambient Conditions; New Thinking About Catalyst Design." News release, September 22, 2009. http://www.greencarcongress.com/2009/09/rbio-wgs-20090922.html

Harten, Alan. "Bacteria that Makes Hydrogen Fuel." *Fair Home*, January 15, 2009. http://www.fairhome.co.uk/2009/01/15/bacteria-that-makes-hydrogen-fuel

Henstra, Anne M., and Alfons J. M. Stams. "Novel Physiological Features of *Carboxydothermus hydrogenoformans* and *Thermoterrabacterium ferrireducans*." *Applied and Environmental Microbiology* 70 (2004): 7236-40. http://www.ncbi.nlm.nih.gov/pmc/

Uses of Bacterial Polyhydroxyalkanoates." *Microbiological Reviews* 54 (1990): 450-72. http://www.ncbi.nlm.nih.gov/pmc/articles/PMC372789

Brand, David, "Gold Finds Our Deep Hot Biosphere Teeming with Life — And Controversy." *Cornell Chronicle*, January 28, 1999. http://www.news.cornell.edu/chronicle/99/1.28.99/Gold-book.html

Budsberg, K. J., C. F. Wimpee, and J. F. Braddock, "Isolation and Identification of *Photobacterium phosphoreum* from an Unexpected Niche: Migrating Salmon." *Applied and Environmental Microbiology* 69 (2003): 6938-42. http://www.ncbi.nlm.nih.gov/pmc/articles/PMC262280

Dagert, M., and S. D. Ehrlich. "Prolonged Incubation in Calcium Chloride Improves the Competence of *Escherichia coli* Cells." *Gene* 6 (1979): 23-38. http://www.sciencedirect.com/science/article/pii/0378111979900829

Food and Agricultural Organization of the United Nations. "Hydrogen Production." Chap. 5 in *Renewable Biological Systems for Alternative Sustainable Energy Production*. Edited by Kazuhisa Miyamoto. FOA, 1997. http://www.fao.org/docrep/w7241e/w7241e0g.htm#TopOfPage

García, Belén, Elías R. Olivera, Baltasar Miñambres, Martiniano Fernández-Valverde, Librada M. Cañedo, María A. Prieto, José L. García, María Martínez, and José M. Luengo. "Novel Biodegradable Aromatic Plastics from a Bacterial Source." *Journal of Biological Chemistry* 41 (1999): 29228-41. http://www.jbc.org/content/274/41/29228.full.pdf

Geographical. "Biotech Could Make Chemical Production Carbon Neutral." March 2008. http://findarticles.com/p/articles/mi_hb3120/is_3_80/ai_n29416979

Human Genome Project. http://www.ornl.gov/sci/techresources/Human_Genome/project/about.shtml

Irrgang, Karl, and Ulrich Sonnenborn. *The Historical Development of Mutaflor Therapy*. Herdecke, Germany: Ardeypharm GMBH, 1988. http://www.ardeypharm.de/pdfs/en/mutaflor_historical_e.pdf

Kotlar, Hans Kristian. "Can Bacteria Rescue the Oil Industry?" *The Scientist* 23 (2009): 30. http://classic.the-scientist.com/article/display/55375/;jsessionid=092AC563E66B209F3B7D645416D8B612

Mandel, M., and A. Higa. "Calcium-dependent Bacteriophage DNA Infection." *Journal of Molecular Biology* 53 (1970): 159-62. http://www.sciencedirect.com/science/article/pii/0022283670900513

Reilly, Michael. "Earthly Cave Bacteria Hint at Mars Life." *Discovery News*, May 8, 2009. http://dsc.discovery.com/news/2009/05/08/cave-bacteria-mars.html

Shulman, Stanford T., Herbert C. Friedmann, and Ronald H. Sims. "Theodor Escherich: The First Pediatric Infectious Diseases Physician?" *Clinical Infectious Diseases* 45 (2007): 1025-29. http://www.journals.uchicago.edu/doi/pdf/10.1086/521946?cookieSet=1〔2012年6月現在確認できず。次で閲覧可能。http://cid.oxfordjournals.org/content/45/8/1025

第5章

印刷物

Lovelock, James E. *Gaia: A New Look at Life on Earth*. Oxford University Press, 2000.（ジム・ラヴロック『地球生命圏』スワミ・プレム・プラブッダ訳、工作舎）

インターネット

Chung, King-Thom, and Christine L. Case. "Sergei Winogradsky: Founder of Soil Microbiology." *Society for Industrial Microbiology News* 51 (2001): 133-35. http://www.skylinecollege.edu/case/envmic/winogradsky.pdf

Gemerden, Hans van. "Diel Cycle of Metabolism of Phototrophic Purple Sulfur Bacteria in Lake Cisó (Spain)." *Limnology and Oceanography* 30 (1985): 932-43. http://www.jstor.org/discover/10.2307/2836576?uid=3738328&uid=2&uid=4&sid=47699101909947

Guerrero, Ricardo, Carlos Pedrós-Alió, Isabel Esteve, Jordi Mas, David Chase, and Lynn Margulis. "Predatory Prokaryotes: Predation and Primary Consumption Evolved in Bacteria," *Proceedings of the National Academy of Sciences* 83 (1986): 2138-42. http://www.ncbi.nlm.nih.gov/pmc/articles/PMC323246/pdf/pnas00311-0181.pdf

Pedrós-Alió, Carlos, Emilio Montesinos, and Ricardo Guerrero. "Factors Determining Annual Changes in Bacterial Photosynthetic Pigments in Holomictic Lake Cisó, Spain." *Applied and Environmental Microbiology* 46 (1983): 999-1006. http://aem.asm.org/content/46/5/999.full.pdf+html

第6章

印刷物

Amici, A., M. Bazzicalupo, E. Gallon, and F. Rollo. "Monitoring a Genetically Engineered Bacterium in a Freshwater Environment by Rapid Enzymatic Amplification of Synthetic DNA 'Number-plate.'" *Applied Microbiology and Biotechnology* 36 (1991): 222-27.

Emiliani, Cesare. *Planet Earth. Cosmology, Geology, and the Evolution of Life and Environment*. Cambridge University Press, 1992.

Gold, Thomas. *The Deep Hot Biosphere*. Springer-Verlag, 1999.（トーマス・ゴールド『未知なる地底高熱生物圏』丸武志訳、大月書店）

Meckel, Richard A. *Save the Babies: American Public Health Reform and the Prevention of Infant Mortality, 1850-1929*. Johns Hopkins University Press, 1990.

Rifkin, Jeremy. *The Biotech Century: Harnessing the Gene and Remaking the World*. Tarcher/Putnam, 1998.（ジェレミー・リフキン『バイテク・センチュリー』鈴木主税訳、集英社）

Robbins-Roth, Cynthia. *From Alchemy to IPO*. Perseus Publishing, 2000.

インターネット

Anderson, A. J., and E. A. Dawes. "Occurrence, Metabolism, Metabolic Role, and Industrial

Dardes, Kathleen, and Andrea Rothe, eds. *The Structural Conservation of Panel Paintings*. The Getty Conservation Institute, 1995. http://www.getty.edu/conservation/publications_resources/pdf_publications/panelpaintings1.pdf

Eureka Science News. "Biotech Scientists Team with Curators to Stem Decay of World's Art, Cultural Heritage." February 8, 2009. http://esciencenews.com/articles/2009/02/08/biotech.scientists.team.with.curators.stem.decay.worlds.art.cultural.heritage

Gupta, M., and D. Alcid. "A Rubber-degrading Organism Growing from a Human Body." *International Journal of Infectious Diseases* 12 (2008): e332-e333. http://www.ijidonline.com/article/S1201-9712(08)01020-5/abstract

Gupta, M., D. Prasad, H. S. Khara, and D. Alcid. "A Rubber-degrading Organism Growing from a Human Body." *International Journal of Infectious Diseases* 14 (2010): e75-e76. http://www.ncbi.nlm.nih.gov/pubmed/19501006

Harmon, Katherine. "The Science of Saving Art: Can Microbes Protect Masterpieces?" *Scientific American*, February 9, 2009. http://www.scientificamerican.com/article.cfm?id=the-science-of-saving-art

Jendrossek, D., G. Tomasi, and R. M, Kroppenstedt. "Bacterial Degradation of Natural Rubber: A Privilege of Actinomycetes?" *FEMS Microbiology Letters* 150 (1997): 179-88. http://grande.nal.usda.gov/ibids/index.php?mode2=detail&origin=ibids_references&therow=138921 〔2012年6月現在確認できず。次で閲覧可能。http://onlinelibrary.wiley.com/doi/10.1111/j.1574-6968.1997.tb10368.x/full〕

Kerksiek, Kristen. "The Art of Infection." *Infection Research*, October 29, 2009. http://www.infection-research.de/perspectives/detail/pressrelease/the_art_of_infection

Linos, Alexandros, Mahmoud M. Berekaa, Alexander Steinbüchel, Kwang Kyu Kim, Cathrin Spröer, and Reiner M. Kroppenstedt. "*Gordonia westfalica* sp. nov., a Novel Rubber-degrading Actinomycete." *International Journal of Systematic and Evolutionary Microbiology* 52 (2002): 1133-39. http://ijs.sgmjournals.org/content/52/4/1133.full.pdf

Mullis, Kary. "The Polymerase Chain Reaction." Nobel Prize lecture, December 8, 1993. http://www.nobelprize.org/nobel_prizes/chemistry/laureates/1993/mullis-lecture.html

Murray, John F. "A Century of Tuberculosis." *American Journal of Respiratory and Critical Care Medicine* 169 (2004): 1184-86. http://ajrccm.atsjournals.org/content/169/11/1181.full

Rose, Karsten, and Alexander Steinbüchel. "Biodegradation of Natural Rubber and Related Compounds: Recent Insights into a Hardly Understood Catabolic Capability of Microorganisms." *Applied and Environmental Microbiology* 71 (2005): 2803-12. http://aem.asm.org/content/71/6/2803.full

Stephenson, Shauna. "Thermus aquaticus." *Wyoming Tribune Eagle*, August 17, 2007. http://www.wyomingnews.com/articles/2007/08/17/outdoors/01out_08-15-07.txt

Wilson, Richard. "Penicillin Overuse Puts Fleming's Legacy at Risk." *London Sunday Times*, September 7, 2008. http://www.timesonline.co.uk/tol/news/uk/scotland/article 4691534.ece〔2012年6月現在、確認できず。〕

第4章

印刷物

Antonioli, P., G. Zapparoli, P. Abbruscato, C. Sorlini, G. Ranalli, and P. G. Righetti. "Art-loving Bugs: The Resurrection of Spinello Aretino from Pisa's Cemetery." *Proteomics* 5 (2005): 2453-59.

Crichton, Michael. *The Andromeda Strain*. New York: Alfred A. Knopf, 1987.（マイクル・クライトン『アンドロメダ病原体』浅倉久志訳、ハヤカワ文庫）

Mann, Thomas. *Death in Venice*. 1912.（トオマス・マン『ヴェニスに死す』実吉捷郎訳、岩波文庫ほか）

Maugham, W. Somerset. *The Painted Veil*, 1925.（サマセット・モーム『五彩のヴェール』上田勤訳、『サマセット・モーム全集　第6巻』所収、新潮社）

Rao, T. S., S. N. Sairam, B. Viswanathan, and K. V. K. Nair. "Carbon Steel Corrosion by Iron Oxidizing and Sulphate Reducing Bacteria in a Freshwater Cooling System." *Corrosion Science* 42 (2000): 1417-31.

インターネット

Arenskötter, M., D. Baumeister, M. M. Berekaa, G. Pötter, R. M. Kroppenstedt, A. Linos, and A. Steinbüchel. "Taxonomic Characterization of Two Rubber Degrading Bacteria Belonging to the Species *Gordonia polyisoprevivorans* and Analysis of Hyper Variable Regions of 16S rDNA Sequences." *FEMS Microbiology Letters* 205 (2001): 277-81. http://onlinelibrary.wiley.com/doi/10.1111/j.1574-6968.2001.tb10961.x/pdf

Bröker, D., D. Dietz, M. Arenskötter, and A. Steinbüchel. "The Genomes of the Non-clearing-zone-forming and Natural-rubber-degrading Species *Gordonia polyisoprenivorans* and *Gordonia westfalica* Harbor Genes Expressing Lcp Activity in *Streptomyces* Strains." *Applied and Environmental Microbiology* 74 (2008): 2288-97, http://www.ncbi.nlm.nih.gov/pubmed/18296529

Cappitelli, Francesca, Lucia Toniolo, Antonio Sansonetti, Davide Gulotta, Giancarlo Ranalli, Elisabetta Zanardini, and Claudia Sorlini. "Advantages of Using Microbial Technology over Traditional Chemical Technology in Removal of Black Crusts from Stone Surfaces of Historical Monuments." *Applied and Environmental Microbiology* 73 (2007): 5671-75. http://aem.asm.org/content/73/17/5671.full.pdf+htm

Chalke, H. D. "The Impact of Tuberculosis on History, Literature and Art." *Medical History* 6 (1962): 301-18. http://www.ncbi.nlm.nih.gov/pmc/articles/PMC1034755

Ciferri, Orio. "Microbial Degradation of Paintings." *Applied and Environmental Microbiology* 65 (1999): 879-85. http://www.ncbi.nlm.nih.gov/pmc/articles/PMC91117

http://www.sciencedirect.com/science/article/pii/S0048969705004432

Kerr, I. D., E. D. Reynolds, and J. H. Cove. "ABC Proteins and Antibiotic Drug Resistance: Is It All About Transport?" *Biochemical Society Transactions* 33 (2005): 1000-1002. http://www.biochemsoctrans.org/bst/033/bst0331000.htm

Kümmerer, K. "Resistance in the Environment." *Journal of Antimicrobial Chemotherapy* 54 (2004): 311-20. http://jac.oxfordjournals.org/content/54/2/311.full.pdf+html

McKibben, Linda, Teresa Horan, Jerome I. Tokars, Gabrielle Fowler, Denise M. Cardo, Michele L. Pearson, and Patrick J. Brennan. "Guidance on Public Reporting of Healthcare-associated Infections: Recommendations of the Healthcare Infection Control Practices Advisory Committee." *American Journal of Infection Control* 33 (2005): 217-26. http://www.cdc.gov/hicpac/pdf/PublicReportingGuide.pdf

National Oceanic and Atmospheric Administration. "Antibiotic Resistance: A Rising Concern in Marine Ecosystems." February 13, 2009. http://www.noaanews.noaa.gov/stories 2009/20090213_antibiotic.html

PBS. "Antibiotic Debate Overview." http://www.pbs.org/wgbh/pages/frontline/shows/meat/safe/overview.html

PhysOrg.com. "Toward Improved Antibiotics Using Proteins from Marine Diatoms." September 8, 2008. http://phys.org/news140112686.html

Reinthaler, F. F., J. Posch, G. Feierl, G. Wüst, D, Haas, G. Ruckenbauer, F. Mascher, and E. Marth. "Antibiotic Resistance of *E. coli* in Sewage and Sludge." *Water Research* 37 (2003): 1685-90. http://www.ncbi.nlm.nih.gov/pubmed/12697213

ScienceDaily. "Trojan Horse Strategy Defeats Drug-resistant Bacteria." March 17, 2007. http://www.sciencedaily.com/releases/2007/03/070316091659.htm

Siegel, Jane D., Emily Rhinehart, Marguerite Jackson, and Linda Chiarello. "Management of Multidrug-resistant Organisms in Healthcare Settings, 2006." Centers for Disease Control and Prevention, http://www.cdc.gov/hicpac/pdf/guidelines/MDROGuideline2006.pdf

Sociology, History and Philosophy Resource Center. "Penicillin and Chance." http://www1.umn.edu/ships/updates/fleming.htm

Soga, Yoshihiko, Takashi Saito, Fusanori Nishimura, Fumihiko Ishimaru, Junji Mineshiba, Fumi Mineshiba, Hirokazu Takaya, Hideaki Sato, et al. "Appearance of Multidrug-resistant Opportunistic Bacteria on the Gingiva during Leukemia Treatment." *Journal of Periodontology* 79 (2008): 181-86. http://www.joponline.org/doi/abs/10.1902/jop.2008.070205%20?url_ver=Z39.88-2003&rfr_id=ori:rid:crossref.org&rfr_dat=cr_pub%3Dncbi.nlm.nih.gov

Watkinson, A. J., G. B. Micalizzi, G. M. Graham, J. B. Bates, and S. D. Costanzo. "Antibiotic-resistant *Escherichia coli* in Wastewaters, Surface Waters, and Oysters from an Urban Riverine System." *Applied and Environmental Microbiology* 73 (2007): 5667-70. http://www.ncbi.nlm.nih.gov/pmc/articles/PMC2042091

インターネット

Armstrong, J. L., D. S. Shigeno, J. J. Calomiris, and R. J. Seidler. "Antibiotic-resistant Bacteria in Drinking Water." *Applied and Environmental Microbiology* 42 (1981): 277-83. http://www.ncbi.nlm.nih.gov/pmc/articles/PMC244002

Australian Institute of Marine Science. "New Marine Antibiotics to Fight Disease." News release, May 13, 2004. http://www.aims.gov.au/news/pages/media-release-20040513.html〔2012年6月現在確認できず。〕

Braibant, M., P. Gilot, and J. Content. "The ATP Binding Cassette (ABC) Transport Systems of *Mycobacterium tuberculosis*." *FEMS Microbiological Reviews* 24 (2000): 449-67. http://www.ncbi.nlm.nih.gov/pubmed/10978546

Bryner, Jeanna. "Fight Against Germs May Fuel Allergy Increase." Fox News, September 17, 2007. http://www.foxnews.com/story/0,2933,296869,00.html?sPage=fnc/scitech/humanbody

Choi, Charles Q. "Antibiotic-Resistance DNA Showing Up in Drinking Water." Fox News, November 2, 2006. http://www.foxnews.com/story/0,2933,227106,00.html

Choi, Cheol-Hee. "ABC Transporters as Multidrug Resistance Mechanisms and the Development of Chemosensitizers for Their Reversal." *Cancer Cell International* 5 (2005): 30-43. http://www.cancerci.com/content/pdf/1475-2867-5-30.pdf

Dougherty, Elizabeth. "Bacterial Viruses Boost Antibiotic Action." *Harvard Focus*, April 3, 2009. http://archives.focus.hms.harvard.edu/2009/040309/biomedical_engineering.shtml

Falda, Wayne. "N. D. Prof Part of 'Trojan Horse' Discovery." *South Bend Tribune*, September 29, 2000. http://www.mcgill.ca/files/microimm/coulton_article_southbendtribune.pdf

Fleming, Alexander. "Penicillin." Nobel lecture presented December 11, 1945. http://www.nobelprize.org/nobel_prizes/medicine/laureates/1945/fleming-lecture.pdf

Florey, Howard W. "Penicillin." Nobel lecture presented December 11, 1945. http://www.nobelprize.org/nobel_prizes/medicine/laureates/1945/florey-lecture.pdf

Harrell, Eben. "The Desperate Need for New Antibiotics." *Time*, October 1, 2009. http://www.time.com/time/health/article/0,8599,1926853,00.html

Isnansetyo, Alim, and Yuto Kamei. "MC-21A, a Bactericidal Antibiotic Produced by a New Bacterium, *Pseudoalteromonas phenolica* sp. nov. O-BC30^{T}, against Methicillin-resistant *Staphylococcus aureus*." *Antimicrobial Agents and Chemotherapy* 47 (2003): 480-88. http://www.ncbi.nlm.nih.gov/pmc/articles/PMC151744

Johansen, Helle Krogh, Thøger Gorm Jensen, Ram Benny Dessau, Bettina Lundgren, and Niels Frimodt-Møller. "Antagonism between penicillin and erythromycin against *Streptococcus pneumoniae in vitro* and *in vivo*." *Journal of Antimicrobial Chemotherapy* 46 (2000): 973-80. http://jac.oxfordjournals.org/content/46/6/973.full.pdf+html

Karthikeyan, K. G., and Michael T. Meyer. "Occurrence of Antibiotics in Wastewater Treatment Facilities in Wisconsin, USA." *Science of the Total Environment* 361 (2006): 196-207.

secrets4.html

Raleigh, Veena Soni. "Trends in World Population: How Will the Millennium Compare with the Past?" *Human Reproduction Update* 5 (1999): 500-05. http://humupd.oxfordjournals.org/content/5/5/500.full.pdf

RobertHooke.com. http://www.roberthooke.com/Default.htm

Rosner, David. "Beyond Typhoid Mary: The Origins of Public Health at Columbia and in the City." *Columbia Magazine*, Spring 2004. http://www.columbia.edu/cu/alumni/Magazine/Spring2004/publichealth.html

Shulman, Matthew. "12 Diseases that Altered History." *U.S. News and World Report*, January 3, 2008. http://health.usnews.com/health-news/articles/2008/01/03/12-diseases-that-altered-history

Travis, J, "Prehistoric Bacteria Revived from Buried Salt," *Science News* 155 (1999): 398. http://www.sciencenews.org/sn_arc99/6_12_99/fob3.htm

Tschanz, David W. "Typhus Fever on the Eastern Front in World War I." http://entomology.montana.edu/historybug/WWI/TEF.htm

University of Pittsburgh. Supercourse: Cholera — History. http://www.pitt.edu/~super1/lecture/lec1151/index.htm

Vreeland, Russell H., William D. Rosenzweig, and Dennis W. Powers. "Isolation of a 250-Million-year-old Halotolerant Bacterium from a Primary Salt Crystal." *Nature* 407 (2000) : 897-900. http://www.nature.com/nature/journal/v407/n6806/full/407897a0.html#B2

Waggoner, Ben. "Robert Hooke." http://www.ucmp.berkeley.edu/history/hooke.html

第3章

印刷物

Abraham, E. P., and E. Chain. "An Enzyme from Bacteria Able to Destroy Penicillin." *Nature* 3713 (1940): 836. In *Microbiology: A Centenary Perspective.* Edited by Wolfgang K. Jolik, Lars G. Ljungdahl, Alison D. O'Brien, Alexander von Graevenitz, and Charles Yanofsky. American Society of Microbiology Press, 1999.

Chain, E., H. W. Florey, A. D. Gardner, N. G, Heatley, M. A. Jennings, J. Orr-Ewing, and A. G. Sanders. "Penicillin as a Chemotherapeutic Agent." *Lancet* 2 (1940): 226-28. In *Microbiology: A Centenary Perspective*. Edited by Wolfgang K. Jolik, Lars G. Ljungdahl, Alison D. O'Brien, Alexander von Graevenitz, and Charles Yanofsky. American Society of Microbiology Press, 1999,

Levy, Stuart B. *The Antibiotic Paradox: How the Misuse of Antibiotics Destroys Their Curative Powers*. Perseus Publishing, 2002.

Mayhall, G. Glen. *Hospital Epidemiology and Infection Control*, 3rd ed. Lippincott Williams and Wilkins, 2004.

Ponte-Sucre, Alicia, ed. *ABC Transporters in Microorganisms*. Caister Academic Press, 2009.

Omar S. Harb. “Invasion of Protozoa by *Legionella pneumophila* and Its Role in Bacterial Ecology and Pathogenesis.” *Applied and Environmental Microbiology* 9 (1998): 3127-33. http://aem.asm.org/content/64/9/3127.full

Lane, Samuel. “A Course of Lectures on Syphilis.” *Lancet* 1 (1841): 217-23. http://books.google.com/books?id=gfsBAAAAYAAJ&pg=PA219&dq=seige+of+naples+syphilis#v=onepage&q=&f=false

Lanoil, Brian, Mark Skidmore, John C. Priscu, Sukkyun Han, Wilson Foo, Stefan W. Vogel, Slawek Tulaczyk, and Hermann Engelhardt. “Bacteria Beneath the West Antarctic Ice Sheet.” *Environmental Microbiology* 11 (2009): 609-15. http://www.montana.edu/lkbonney/DOCS/Publications/LanoilEtAlBacteriaWAIS.pdf

Loghem, J. J. van. “The Classification of the Plague-Bacillus.” *Antonie van Leeuwenhoek* 10 (1944): 15-16. http://www.springerlink.com/content/k65773478g138348

Madigan, Michael T, and Barry L. Marrs. “Extremophiles.” *Scientific American*, April 1997. http://atropos.as.arizona.edu/aiz/teaching/a204/extremophile.pdf

Maugh, Thomas H. “An Empire's Epidemic.” *Los Angeles Times*, May 6, 2002. http://www.ph.ucla.edu/EPI/bioter/anempiresepidemic.html

Medical Front WW I. http://www.vlib.us/medical/Nindex.htm

Microbe World. “Oldest Living Microbes.” January 14, 2009. http://www.microbeworld.org/index.php?option=com_content&view=article&id=156&Itemid=87

Micscape. “Robert Hooke.” March 2000. http://www.microscopy-uk.org.uk/mag/indexmag.html?http://www.microscopy-uk.org.uk/mag/artmar00/hooke1.html

Molmeret, Maëlle, Matthias Horn, Michael Wagner, Marina Santic, and Yousef Abu Kwaik, “Amoebae as Training Grounds for Intracellular Bacterial Pathogens.” *Applied and Environmental Microbiology* 71 (2005): 20-28. http://aem.asm.org/content/71/1/20.full

Mulder, Henry. “Newton and Hooke: A Tale of Two Giants.” Science and You, 2008. http://www.scienceandyou.org/articles/ess_14.shtml

New World Encyclopedia. “Hooke, Robert.” http://www.newworldencyclopedia.org/entry/Robert_Hooke

NJMS National Tuberculosis Center. “Brief History of Tuberculosis.” http://www.umdnj.edu/~ntbcweb/history.htm〔2012年6月現在、次で閲覧可能。http://www.umdnj.edu/ntbcweb/tbhistory.htm〕

Nummer, Brian A. “Historical Origins of Food Preservation.” National Center for Home Food Preservation, May 2002. http://nchfp.uga.edu/publications/nchfp/factsheets/food_pres_hist.html

O'Connor, Anahad. “Dr. Norman Heatley, 92, Dies; Pioneer in Penicillin Supply.” *The New York Times*, January 17, 2004. http://www.nytimes.com/2004/01/17/world/dr-norman-heatley-92-dies-pioneer-in-penicillin-supply.html

PBS. “Deciphering Disease in Ancient Mummies.” http://www.pbs.org/wnet/pharaohs/

インターネット

American University. "The Role of Trade in Transmitting the Black Death." http://www1.american.edu/TED/bubonic.htm

Atlas, R. M. "*Legionella*: From Environmental Habitats to Disease Pathology, Detection and Control." *Environmental Microbiology* 1 (1999): 283-93. http://www.ncbi.nlm.nih.gov/pubmed/11207747

Barbaree, J. M., B. S. Fields, J. C. Feeley, G. W. Gorman, and W. T. Martin. "Isolation of Protozoa from Water Associated with a Legionellosis Outbreak and Demonstration of Intracellular Multiplication of *Legionella pneumophila*." *Applied and Environmental Microbiology* 51 (1986): 422-24. http://aem.asm.org/content/51/2/422.abstract

BBC News. "Alive...after 250 Million Years." October 18, 2000. http://news.bbc.co.uk/2/hi/science/nature/978774.stm

———. "Legionnaires' Disease — A History of Its Discovery." January 16, 2003. http://www.h2g2.com/approved_entry/A882371

Bidle, Kay D., SangHoon Lee, David R. Marchant, and Paul G. Falkowski. "Fossil Genes and Microbes in the Oldest Ice on Earth." *Proceedings of the National Academy of Sciences* 104 (2007):13455-60. http://www.pnas.org/content/104/33/13455.short

Brown, Michael. "Ancient DNA, Found Mostly in Amber-preserved Specimens." Molecular History Research Center, http://www.mhrc.net/ancientDNA.htm

Calloway, Ewen. "Ancient Bones Show Earliest 'Human' Infection." *New Scientist*, August 2009. http://www.newscientist.com/article/dn17559-ancient-bones-show-earliest-human-infection.html

Evans, James Allan. "Justinian (527-565 A.D.)." http://www.roman-emperors.org/justinia.htm

Gallagher, Patricia E., and Stephen J. Greenberg. "The History of Diseases." 2009. http://www.mla-hhss.org/histdis.htm

Harvard University. Contagion: Historical Views of Diseases and Epidemics. http://ocp.hul.harvard.edu/contagion

Hippocrates, *Aphorisms*. http://classics.mit.edu/Hippocrates/aphorisms.5.v.html

Iliffe, Rob. "Robert Hooke's Critique of Newton's Theory of Light and Colors (Delivered 1672)." The Newton Project. http://www.newtonproject.sussex.ac.uk/view/texts/normalized/NATP00005

Internet Modern History Sourcebook. "Louis Pasteur (1822-1895): Germ Theory and Its Applications to Medicine and Surgery, 1878." http://www.fordham.edu/halsall/mod/1878pasteur-germ.asp

Kilpatrick, Howard J., and Andrew M. LaBonte. *Managing Urban Deer in Connecticut*, 2nd ed. Connecticut Department of Environmental Protection Bureau of Natural Resources, 2007. http://www.ct.gov/dph/lib/dph/urbandeer07.pdf

Kwaik, Yousef Abu, Lian-Yong Gao, Barbara J. Stone, Chandrasekar Venkataraman, and

articles/PMC2717541
Von Mutius, Erika. "A Conundrum of Modern Times That's Still Unresolved." *European Respiratory Journal* 22 (2003): 719-720. http://www.erj.ersjournals.com/content/22/5/719.full.pdf+html
Wassenaar, T. M. "Extremophiles." Virtual Museum of Bacteria. January 6, 2009. http://www.bacteriamuseum.org/cms/Evolution/extremophiles.html

第2章

印刷物

Cano, Raul J., and Monica K. Borucki. "Revival and Identification of Bacterial Spores in 25- to 40-Million-year-old Dominican Amber." *Science* 268 (1995): 1060-64.
Cantor, Norman F. *In the Wake of the Plague*. New York: Simon and Schuster, 2001.（ノーマン・F・カンター『黒死病』久保儀明ほか訳、青土社）
Debré, Patrice. *Louis Pasteur*. Translated by Elborg Forster. Johns Hopkins University Press, 1994.
Fleming, Alexander. "On the Antibacterial Action of Cultures of a *Penicillium*, with Special Reference to their Use in the Isolation of *B. influenzae*." *British Journal of Experimental Pathology* 10 (1929): 226-36.
Fribourg-Blanc, A., and H. H. Mollaret. "Natural Treponematosis of the African Primate." *Primate Medicine* 3 (1969): 113-21.
Fribourg-Blanc, A., H. H. Mollaret, and G. Niel. "Serologic and Microscopic Confirmation of Treponematosis in Guinea Baboons." *Bulletin of the Exotic Pathology* Society 59 (1966): 54-59.
Garrison, Fielding H. *An Introduction to the History of Medicine*. W. B.Saunders & Co., 1921.
Geison, Gerald L. *The Private Science of Louis Pasteur*. Princeton University Press, 1995.（ジェラルド・L・ギーソン『パストゥール』長野敬ほか訳、青土社）
Gilbert, Geoffrey. *World Population*, 2nd ed. Santa Barbara, Calif.: ABC-CLIO, 2005.
Horan, Julie L., and Deborah Frazier. *The Porcelain God*. Carol Publishing Corp., 1996.
Leavitt, Judith Walzer. *Typhoid Mary: Captive to the Public's Health*. Beacon Press, 1996.
Leon, Ernestine F. "A Case of Tuberculosis in the Roman Aristocracy at the Beginning of the Second Century." *Journal of the History of Medicine and Allied Sciences* 64 (1959): 86-88.
Livi-Bacci, Massimo. *A Concise History of World Population*, 3rd ed. Blackwell, 2001.
Zivanovic, Srboljub, and L. F. Edwards, *Ancient Diseases: Elements of Paleopathology*. Methuen and Co., 1982.

2002. http://www.scientificamerican.com/article.cfm?id=where-biosphere-meets-geo
Martinez, Chelsea. "Baby's First Bacteria." *Los Angeles Times*, June 26, 2007. http://www.latimes.com/features/health/la-hew-booster26jun26,1,3571421.story
Montville, Thomas J. "Dependence of *Clostridium botulinum* Gas and Protease Production on Culture Conditions." *Applied and Environmental Microbiology* 45 (1983): 571-75. http://www.ncbi.nlm.nih.gov/pmc/articles/PMC242325/pdf/aem00171-0229.pdf
National Human Genome Research Institute. http://www.genome.gov/10000354#top
National Science Foundation. "Bacteria May Thrive in Antarctic Lake." News release, December 9, 1999. http://www.nsf.gov/od/lpa/news/press/99/pr9972.htm
Nobel Foundation. "Marshall, Barry J., and J. Robin Warren." Nobel Prize Press release, October 3, 2005. http://www.nobelprize.org/nobel_prizes/medicine/laureates/2005/press.html
Peterson, W. H., and Mary S. Peterson. "Relation of Bacteria to Vitamins and Other Growth Factors." *Bacteriological Reviews* 9 (1946): 49-109. http://www.ncbi.nlm.nih.gov/pmc/articles/PMC440891
Porter, Alan M. W. "Why Do We Have Apocrine and Sebaceous Glands?" *Journal of the Royal Society of Medicine* 94 (2001): 236-37. http://jrsm.rsmjournals.com/content/94/5/236.full
Sapp, Jan, "The Prokaryote-Eukaryote Dichotomy: Meanings and Mythology." *Microbiology and Molecular Biology Reviews* 69 (2005): 292-305. http://mmbr.asm.org/content/69/2/292.full
ScienceDaily. "Human Skin Harbors Completely Unknown Bacteria." February 6, 2007. http://www.sciencedaily.com/releases/2007/02/070206095816.htm
———. "The Hygiene Hypothesis: Are Cleanlier Lifestyles Causing More Allergies for Kids?" September 9, 2007. http://www.sciencedaily.com/releases/2007/09/070905174501.htm
———. "A Survivor in Greenland: A Novel Bacterial Species Is Found Trapped in 120,000-Year-old Ice." June 3, 2008. http://www.sciencedaily.com/releases/2008/06/080603104418.htm
Stark, P. L., and A. Lee. "The Bacterial Colonization of the Large Bowel of Pre-term Low Birth Weight Neonates." *Journal of Hygiene* 89 (1982): 59-67. http://www.ncbi.nlm.nih.gov/pubmed/7097003
University of Georgia. "First-ever Estimate of Total Bacteria on Earth." *San Diego Earth Times*, September 1988. http://www.sdearthtimes.com/et0998/et0998s8.html
University of Iowa. "Turning on Cell-Cell Communication Wipes Out Staph Biofilms." News release, April 30, 2008. http://www.news-releases.uiowa.edu/2008/april/043008biofilms.html
Vaglio, Stefano. "Chemical Communication and Mother-Infant Recognition." *Communicative and Integrative Biology* 2 (2009): 279-81. http://www.ncbi.nlm.nih.gov/pmc/

Evidence?" *Current Opinions in Clinical Immunology* 4 (2004): 113-17. http://www.forallvent.info/uploads/media/von_Mutius_Hygiene_hypothesis_and_endotoxin_2004.pdf

Egland, Paul G., Robert J. Palmer, and Paul E. Kolenbrander. "Interspecies Communication in *Streptococcus gordonii — Veillonella atypica* Biofilms: Signaling in Flow Conditions Requires Juxtaposition." *Proceedings of the National Academy of Sciences* 101 (2004): 16917-22. http://www.pnas.org/content/101/48/16917.full

Eureka Science News. "A Woman's Nose Knows Body Odor." April 6, 2009. http://esciencenews.com/articles/2009/04/07/a.womans.nose.knows.body.odor

Favier, Christine F., Willem M. de Vos, Antoon D. L. Akkermans. "Development of Bacterial and Bifidobacterial Communities in Feces of Newborn Babies." *Anaerobe* 9 (2003): 219-29. http://www.sciencedirect.com/science/article/pii/S1075996403001239

Featherstone, J. D. B. "The Continuum of Dental Caries — Evidence for a Dynamic Disease Process," *Journal of Dental Research* 83 (2004): C39-C42. http://jdr.sagepub.com/content/83/suppl_1/C39.pdf

Folk, Robert L, "Nanobacteria: Surely Not Figments, but under What Heaven Are They?" *Natural Science*, February 11, 1997. http://naturalscience.com/ns/articles/01-03/ns_folk.html

Food and Agricultural Organization of the United Nations. "Hydrogen Production." Chap. 5 in *Renewable Biological Systems for Alternative Sustainable Energy Production*. Edited by Kazuhisa Miyamoto. FOA, 1997. http://www.fao.org/docrep/w7241e/w7241e0g.htm#TopOfPage

Fulhage, Charles D., Dennis Sievers, and James R. Fischer. "Generating Methane Gas from Manure." University of Missouri Extension, October 1993. http://extension.missouri.edu/publications/DisplayPub.aspx?P=G1881

Handwerk, Brian. "Armpits Are 'Rain Forests' for Bacteria, Skin Map Shows." *National Geographic News*, May 28, 2009. http://news.nationalgeographic.com/news/2009/05/090528-armpits-bacteria-rainforests.html

Helicobacter Foundation. 2006. http://www.helico.com/h_general.html

Higaki, Shuichi, Taro Kitagawa, Masaaki Morohashi, and Takayoshi Tamagishi. "Anaerobes Isolated From Infectious Skin Diseases." *Anaerobe* 5 (1999): 583-87. http://www.sciencedirect.com/science/article/pii/S1075996499903050

Keith, William A., Roko J. Smiljanec, William A. Akers, ad Lonnie W. Keith. "Uneven Distribution of Aerobic Mesophilic Bacteria on Human Skin." *Applied and Environmental Microbiology* 37 (1979): 345-47. http://aem.asm.org/content/37/2/345.full.pdf

Krulwich, Robert. "Bacteria Outnumber Cells in Human Body." National Public Radio. *All Things Considered*, July 1, 2006. http://www.npr.org/templates/story/story.php?storyId=5527426

Lubick, Naomi. "Where Biosphere Meets Geosphere." *Scientific American*, January 28,

参考文献

※ URL は 2012 年 6 月現在のものです。

第 1 章

印刷物

Brothwell, D. R., and P. Brothwell. *Food in Antiquity*. Johns Hopkins University Press, 1998.

Luckey, Thomas D. "Effects of Microbes on Germfree Animals." In *Advances in Applied Microbiology*, Volume 7. Edited by Wayne W. Umbreit, Academic Press, 1965.

Munn, Colin B. *Marine Microbiology — Ecology and Applications*. New York: Garland Science, 2004.

Pasteur, Louis, *Oeuvres de Pasteur*. Liebraires de l'Académie de Médecine, Paris, 1922.

Rainey, Fred A., and Aheron Oren, eds. *Extremophiles*. London: Elsevier, 2006.

インターネット

Astrobiology Web. "Life in Extreme Environments." http://www.astrobiology.com/extreme.html#archaea

Baron, Samuel, ed, "Normal Flora of Skin." Chap. 6 in *Medical Microbiology*, 4th ed. Galveston: University of Texas Medical Branch, 1996. http://www.ncbi.nlm.nih.gov/bookshelf/br.fcgi?book=mmed&part=A512

BBC News. "A Whale of a Bug." News release, April 15, 1999. http://news.bbc.co.uk/2/hi/science/nature/320117.stm

Central Vermont Public Service. http://www.cvps.com

Chung, King-Thom, and Christine L. Case. "Sergei Winogradsky: Founder of Soil Microbiology." *Society for Industrial Microbiology News* 51 (2001): 133-35. http://www.smccd.edu/accounts/case/envmic/winogradsky.pdf

CNN.com. "Star Survey Reaches 70 Sextillion." News release, July 23, 2003. http://www.cnn.com/2003/TECH/space/07/22/stars.survey

DeLong, Edward F. "Archaeal Mysteries of the Deep Revealed." *Proceedings of the National Academy of Sciences* 103 (2006): 6417-18. http://www.ncbi.nlm.nih.gov/pmc/articles/PMC1458900

DuBois, Andre. "Spiral Bacteria in the Human Stomach: The Gastric Helicobacters." *Emerging Infectious Diseases* 1 (1995): 79-88. http://www.cdc.gov/ncidod/eid/vol1no3/dubois.htm

Eder, Waltraud, and Erika von Mutius. "Hygiene Hypothesis and Endotoxin: What is the

細菌についての古典

De Kruif, Paul. *Microbe Hunters*, 1926, Harcourt, Orlando, Fla.（ポール・ド・クライフ『微生物の狩人』秋元寿恵夫訳、岩波文庫）

偉大な微生物学者たちの伝記を通して見る細菌学の歴史。

Garrett, Laurie. *The Coming Plague: Newly Emerging Diseases in a World Out of Balance*, 1994, Farrar, Straus and Giroux, New York.（ローリー・ギャレット『カミング・プレイグ』山内一也監訳、河出書房新社）

おもにウイルスについて書いているが、あらゆる病原体に関する不変の教訓。

Karlen, Arlo. *Biography of a Germ*, 2000, Pantheon Books, New York.

ライム病の病原体ボレリア・ブルグドルフェリ（*Borrelia burgdorferi*）の活動を追うユニークな細菌の入門書。

MacFarlane, Gwyn. *Alexander Fleming: The Man and the Myth*, 1985, Oxford University Press, Oxford.（グウィン・マクファーレン『奇跡の薬』北村二朗訳、平凡社）

科学上の歴史的発見の裏にあった物語と企て。

Thomas, Lewis. *The Lives of a Cell: Notes of a Biology Watcher*, 1974, Viking Press, New York.（ルイス・トマス『細胞から大宇宙へ』橋口稔ほか訳、平凡社）

専門外の人が生物学を理解するための本。

細菌をもっと知りたい人のために

インターネット

Bacteria World　http://www.bacteria-world.com/
Cells Alive　http://www.cellsalive.com/
Dennis Kunkel Microscopy　http://www.denniskunkel.com/
Infectious Diseases in History　http://urbanrim.org.uk/diseases.htm
Microbe World　http://www.microbeworld.org/
Todar's Online Textbook of Bacteriology　http://www.textbookofbacteriology.net/
The Microbial World　http://www.microbiologytext.com/index.php? module=Book&func=toc&book_id=4
University of California Museum of Paleontology　http://www.ucmp.berkeley.edu/bacteria/bacteria.html
The Virtual Museum of Bacteria　http://www.bacteriamuseum.org/cms/

書籍

Biddle, Wayne. *A Field Guide to Germs*, 2002, Anchor Books, New York.（ウエイン・ビドル『ウイルスたちの秘められた生活』春日倫子訳、角川文庫）

Dyer, Betsey Dexter. *A Field Guide to the Bacteria*, 2003, Cornell University Press, Ithaca, NY.

Lax, Alistair. *Toxin: The Cunning of Bacterial Poisons*, 2005, Oxford University Press, Oxford.

Maczulak, Anne E. *The Five-Second Rule and Other Myths about Germs*, 2007, Thunder's Mouth Press/Perseus Books, Philadelphia.

Meinesz, Alexandre. *How Life Began, Evolution's Three Geneses*, 2008, University of Chicago Press.

Sachs, Jessica Snyder. *Good Germs, Bad Germs: Health and Survival in a Bacterial World*, 2007, Hill and Wang, New York.

Schaechter, Moselio, John L. Ingraham, and Frederick C. Neidhardt. *Microbe*, 2006, American Society for Microbiology Press, Washington, DC.

Spellberg, Brad. *Rising Plague: The Global Threat from Deadly Bacteria and Our Dwindling Arsenal to Fight Them*, 2009, Prometheus Books, New York.

Zimmer, Carl. *Microcosm: E. coli and the New Science of Life*, 2008, Vintage Books, New York.

マ行

ヤ行

ラ行

ハ行

タ行

ナ行

サ行

索引

アン・マクズラック（Anne Maczulak）
水質調査からインフルエンザワクチン開発にまで携わってきた経験豊かな微生物学者。著書に『The Five-Second Rule and Other Myths about Germs』などがある。ラジオ番組のレギュラーゲストとして微生物に関する質問に答えたり、企業や研究所向けのコンサルティング・サービスを主宰したりして、微生物についての教育に努めている。

西田美緒子（にしだ　みおこ）
翻訳家。津田塾大学英文学科卒業。主な訳書に『クリックとワトソン』、『ルイ・パスツール』（以上、大月書店）、『犬はあなたをこう見ている』、『FBI捜査官が教える「第一印象」の心理学』（以上、河出書房新社）、『人生に必要な物理50』、『ナタリー・アンジェが魅せるビューティフル・サイエンス・ワールド』（以上、近代科学社）、『音楽好きな脳』（白揚社）などがある。

ISBN 978-4-8269-0166-6

細菌が世界を支配する

二〇一二年九月三〇日　第一版第一刷発行
二〇一二年一一月三日　第一版第二刷発行

著　者　アン・マクズラック
訳　者　西田美緒子

発行者　中村　浩
発行所　株式会社　白揚社

〒101-0062　東京都千代田区神田駿河台1-7
電話03-5281-9772　振替00130-1-25400
装　幀　岩崎寿文
印刷・製本　中央精版印刷株式会社

アレクサンドラ・ホロウィッツ著　竹内和世訳

犬から見た世界

その目で耳で鼻で感じていること

犬には世界がどんなふうに見えているのだろう？　8年に及ぶ研究の結果、見えてきたのは思いがけなく豊かな犬の感覚世界でした。NYタイムズベストセラー第1位の全米長期ベストセラー、愛犬家必読の待望の翻訳です。　四六判　376頁　2500円

ジョエル・ベスト著　林大訳

あやしい統計フィールドガイド

ニュースのウソの見抜き方

TVや新聞、ウェブなどメディアにあふれる数字は信頼できるのか？　不安を煽る情報にだまされないためには？　難しい数式は使わずにインチキ統計・数字のトリックを読み解く、面白くてためになる統計リテラシー入門。　四六判　216頁　2200円

フランク・クロース著　大塚一夫訳

なんにもない

無の物理学

世界からあらゆるものを取り去ると最後に何が残るのか？　古代ギリシャから続くこの謎を解くべく、オックスフォード大学教授がガリレオ、ニュートン、アインシュタイン、そして素粒子物理学を駆使して無の正体に挑む。　B6判　232頁　2500円

ダニエル・J・レヴィティン著　西田美緒子訳

音楽好きな脳

人はなぜ音楽に夢中になるのか

音楽を聞く、楽器を演奏する……そのとき、あなたの脳には何が起こっているのか？　レコードプロデューサーから神経科学者に転身した著者が、言葉以上にヒトという種の根底をなす音楽と脳の関係を論じる刺激的な一冊。　四六判　376頁　2800円

レン・フィッシャー著　松浦俊輔訳

群れはなぜ同じ方向を目指すのか

群知能と意思決定の科学

「みんなの力」はけっこうすごい！　群れや集団を研究することで明らかになってきた不思議な能力をイグノーベル賞を受賞した著者がわかりやすく解説。群知能、渋滞学、意思決定論など、生活に役立つ「群れの科学」入門。　四六判　312頁　2400円

経済情勢により、価格が多少変更されることがありますのでご了承ください。
表示の価格に別途消費税がかかります。